有机双自由基磁性分子理论设计及磁性调控研究

张凤英　著

中国原子能出版社
China Atomic Energy Press

图书在版编目（CIP）数据

有机双自由基磁性分子理论设计及磁性调控研究 /
张凤英著. --北京：中国原子能出版社，2023.11
ISBN 978-7-5221-3119-1

Ⅰ. ①有… Ⅱ. ①张… Ⅲ. ①磁性材料–设计 Ⅳ.
①TM271

中国国家版本馆 CIP 数据核字（2023）第 229090 号

有机双自由基磁性分子理论设计及磁性调控研究

出版发行	中国原子能出版社（北京市海淀区阜成路 43 号　100048）	
责任编辑	刘东鹏	
责任印制	赵　明	
印　刷	河北宝昌佳彩印刷有限公司	
经　销	全国新华书店	
开　本	787 mm×1092 mm　1/16	
印　张	11.875	
字　数	201 千字	
版　次	2023 年 11 月第 1 版　2023 年 11 月第 1 次印刷	
书　号	ISBN 978-7-5221-3119-1　　　**定　价　86.00 元**	

前　言

有机磁性材料由于其重量轻、环境友好、与无机或含有金属的磁性材料相比制造简单，以及它们在光学、电学及磁学领域的潜在应用而备受关注。双自由基作为最基本的一种磁性分子或分子磁体，其中两个未成对电子占据几乎简并的空间轨道，自旋平行取向时表现为三重态基态，具有铁磁性，自旋反平行时则表现为单重态基态，具有反铁磁性。它是构成高自旋态分子材料的基础，近来成为材料科学的研究焦点。常见的纯有机双自由基主要包括两类，一类是由两个单自由基分别作为自旋源并通过耦合单元桥连而成，另一类是具有凯库勒结构的分子或者分子片段。自旋态或者磁性可以转换的有机双自由基在自旋学、分子电学、数据存储等方面具有广泛的应用。迄今为止，在有机双自由基体系中，只有光诱导光致变色体实现磁性调控或者磁性转换的研究相对成熟，而采用其他方法比如氧化还原诱导法、质子诱导法，以及化学掺杂法等实现磁性调控的相关报道则很少。基于此，我们开展了一系列工作，主要结论如下。

1. 吡嗪桥连双自由基自旋磁耦合的氧化还原调控：磁性可以转换的有机分子具有广泛的技术应用，实现磁性转换可以利用多种方法。氧化还原诱导的磁性转换很容易实现，并在磁性材料领域方面展现出广阔的应用前景，因此首要任务是找到可以发生磁性转换的体系。基于此，本书以硝基氧自由基为自旋中心，具有氧化还原活性的间/对吡嗪为耦合单元设计了两个双自由基分子，通过氧化还原反应它们的磁性行为实现铁磁性（FM）与反铁磁性（AFM）之间的转换，反之亦然。B3LYP 和 M06-2X 两种方法的计算结果均证明这些铁磁性或反铁磁性有机双自由基分子相应的磁交换耦合常数都相当大。进一步分析表明氧化或还原前后耦合单元芳香性的转换、π 共轭结构的自旋离域以及非凯库勒结构的自旋极化，这三个因素对两自旋中心之间的磁耦合起重要的决定性作用。此外，自旋交替规则、单占据分子轨道（SOMO）效应及三重态 SOMO-SOMO 能级分裂不仅可以分析分子的双自由基性质，还可以有效预测双自由基分子的基态（铁磁性、反铁磁性或无磁性）。这项工作为合理设计有机磁性分子开关拓宽了视野。

2. 对苯醌基、吡嗪基桥连双自由基自旋磁耦合的氧化还原调控：在有机双自由基中，氧化还原诱导的磁性转换一直是研究的焦点。本书我们还设计了十二对硝基氧双自由基，其中耦合单元均具有氧化还原活性，包括对苯醌、1,4-萘醌、9,10-蒽醌、并四苯-5,12-二酮、并五苯-6,13-二酮、并六苯-6,15-二酮、吡嗪、苯并吡嗪、吩嗪、5,12-二氮杂并四苯、6,13-二氮杂并五苯和 6,15-二氮杂并六苯。B3LYP 和 M06-2X 两种方法的计算结果表明，通过氧化还原反应十二对双自由基的磁性行为可以实现铁磁性与反铁磁性之间的转换。每对双自由基氧化或还原前后磁性行为与磁性大小的差异归因于不同的自旋耦合路径。耦合单元的性质和自旋耦合路径的长度是决定磁耦合作用强弱的关键因素。具体来说，耦合单元最高占据分子轨道（HOMO）与最低未占据分子轨道（LUMO）之间能差越小、耦合单元长度越短以及耦合单元与自旋中心之间连接键越短，双自由基的磁耦合作用越强。此外，具有延伸 π-共轭结构的双自由基有利于自旋传输，可以有效促进磁耦合作用。也就是说，较大的自旋极化产生较强的磁耦合作用。所研究双自由基的磁性行为可以用自旋交替规则、SOMO 效应及三重态 SOMO-SOMO 能级分裂解释。这项工作为磁性分子开关的合理设计奠定了基础。

3. 二氮杂二苯并蒽桥连双自由基自旋磁耦合的双氮掺杂效应：对于双自由基分子，耦合单元和自旋中心的选择至关重要。本书以二氮杂二苯并蒽为耦合单元，硝基氧自由基为自旋中心，通过改变两个氮原子的掺杂位置，设计了四个互为异构体的双自由基分子（1、2、3、4）。在 B3LYP/6-311＋＋G (d,p) 水平下，计算结果表明双氮掺杂可以引起耦合单元芳香性转换以及碳碳键重排，从而显著影响它们的磁性特征包括磁性大小和磁性行为（铁磁性、反铁磁性或无磁性）。更有趣的是，不同的双氮掺杂位置有明显不同的影响。进一步双电子氧化也可以有效调控双自由基的磁性大小，即反铁磁性耦合从 -919.9 cm^{-1}（1）变化到 -158.3 cm^{-1}（1^{2+}）或从 -105.1 cm^{-1}（3）变化到 -918.9 cm^{-1}（3^{2+}），甚至磁性行为发生转换由无磁性（2）到反铁磁性

（2^{2+}，$-140.1\ cm^{-1}$）或由铁磁性（4，$108.9\ cm^{-1}$）到反铁磁性（4^{2+}，$-462.5\ cm^{-1}$）。两硝基氧基团其 SOMOs 与耦合单元其 HOMO ①或与耦合单元其 LUMO（3^{2+}和 4^{2+}）的匹配性、凯库勒结构②及耦合单元芳香性的变化均对两自旋中心之间的磁耦合作用有较大影响。此外，耦合单元的 HOMO-LUMO 能差以及平衡离子效应对磁耦合作用也有很大影响。这项工作为二氮杂二苯并蒽桥连双自由基磁性分子调节器或者开关的合理设计提供了理论指导。

4. 偶氮苯桥连双自由基磁耦合的光诱导异构化及质子化调控：在有机双自由基中，质子化诱导的磁性增强现象非常引人注目。本书以硝基氧自由基为自旋中心，预测了顺式和反式偶氮苯桥连双自由基的磁性，其中耦合单元的偶氮单元可经历单质子化过程转变为质子化对应物，反之亦然。对于这两对双自由基（质子化与未质子化的顺反形式），B3LYP/6-311＋＋G(d,p)水平下的计算结果表明质子化前后它们的磁耦合常数 J 的符号没有改变，但其大小质子化之后明显增大，反式由 -716.4 变化到 $-1\,787.1\ cm^{-1}$，而顺式则由 -388.1 变化到 $-1\,227.9\ cm^{-1}$。换言之，质子化可以明显增强偶氮苯桥连双自由基的反铁磁耦合，但是并没有引起磁性行为的转换。这种由质子化诱导发生明显的磁性增强现象主要是因为桥连两自由基基团的耦合单元偶氮苯很强的调节作用，质子化之后耦合单元的 LUMO 能级降低促进了磁耦合作用。质子化反式偶氮苯双自由基的平面结构，以及质子化顺式偶氮苯双自由基两减少的扭转角 CCNN 可引起明显的磁性增强。质子化不仅可支持自由基基团与耦合单元之间 π 共轭结构的形成，并通过降低耦合单元偶氮苯其 LUMO 的能级为自旋传输创造了一个非常有利的条件，促进由自由基基团到耦合单元的自旋极化和电荷离域，从而有效增强磁耦合相互作用。对于具有不同自旋中心和自由基基团不同连接模式的其他偶氮苯基双自由基，也可以观察到相同的自旋耦合规律，表明质子化偶氮单元可增强磁耦合相互作用的结论是合理的。此外，计算结果还表明质子化这些双自由基体系的偶氮单元在热力学上是有利的，因此其相应的去质子化过程也是可控制的。显然，每对质子化调控的偶氮苯基双自由基可作为候选分子用于合理设计磁性分子开关。

5. 亚苄基苯胺桥连双自由基磁耦合的光诱导异构化及质子化调控：以硝基氧自由基为自旋中心，我们探索了顺/反亚苄基苯胺桥连双自由基的磁耦合作用，其中耦合单元的亚胺氮单元可经历单质子化过程转变为质子化对应物，反之亦然。对于这两对双自由基（质子化与未质子化的顺反形式），计算结果表明质子化前后它们的磁耦合常数 J 的符号没有改变，但其大小质子化之后明显增大。在结构上，质子化反式双自由基较好的共轭性和质子化顺式双自由基两个减小的 CCNC 和 CCCN 扭转角有利于自旋输运，从而促进自旋极化，产生较强的磁耦合作用。就机理而言，质子诱导的磁性增强归因于耦合单元质子化后 LUMO 能级降低及其较小的 HOMO-LUMO 能差。此外，还考虑了自旋中心与耦合单元的不同连接方式以证实质子诱导的磁性增强。另外，还比较了等电子体顺/反亚苄基苯胺、偶氮苯和二苯乙烯桥连硝基氧双自由基质子化前后的磁耦合强度，发现它们之间存在线性关系。所研究双自由基的磁性行为都遵循自旋交替规则和 SOMO 效应。这项工作为合理设计磁性分子开关开阔了思路。

6. 全氟并五苯动态磁性及热振动调控：作为一种 N 型半导体化合物，全氟并五苯由于比母体并五苯具有较高的电子迁移率在有机电子学方面应用更加广泛。本工作采用密度泛函理论，探索了由结构振动诱导全氟并五苯展现出新奇的动态电子特性。尽管在静态平衡构型时全氟并五苯为闭壳层单重态分子，但是持续的结构振动可以诱导全氟并五苯展现出双自由基性质。然而并不是所有振动引起的结构变形都可以诱导双自由基性质出现，只有那些能引起单-三重态能量差变小的结构，尤其能降低 HOMO-LUMO 能差的结构、能缩短交联碳碳键的结构以及扭曲碳环结构所对应的振动才对双自由基性质的贡献较大。由于不停的分子振动，动态全氟并五苯的双自由基性质又展现出脉冲行为。与并五苯相比，全氟化作用不仅可以较大地稳定它的两条前线轨道，也能降低其 HOMO-LUMO 能差，导致出现双自由基性质的振动模式数目增多。特别是，全氟化作用可以使 19 种双自由基振动模式出现在低频区。这些结果表明一些低能脉冲可以根据低能模式引发全氟并五苯分子振动，进而表现出脉冲双自由基性质或动态磁性。很明显，像全氟并五苯这类分子其潜在的脉冲双自由基性质及可控的动态磁性可以为磁性材料的设计提供一定借鉴。

在本书的撰写过程中，作者不仅参阅、引用了很多国内外相关文献资料，而且得到了同事亲朋的鼎力相助，在此一并表示衷心的感谢。由于作者水平有限，书中疏漏之处在所难免，恳请同行专家及广大读者批评指正。

目　录

第1章
绪　论

1.1　有机磁性材料分子的研究现状及选题背景

　　有机磁性材料在分子光学、电学以及磁学等领域具有良好的应用前景。1977 年诺贝尔物理学奖授予 Philip W.Anderson、Nevill Mott 和 John Van Vleck 三位科学家，以表彰他们对磁性和无序系统的电子结构所作的基础理论研究。特别是，Anderson 揭示了块状物质磁性的微观起源，给出描述过渡金属磁性的 Anderson 模型，为有机磁性材料的发展奠定了坚实的基础。有机磁性材料分子是一类具有磁性的化合物或纯有机自由基磁体，通过采用化学方法将顺磁离子（包括过渡金属离子或稀土金属离子）与桥连配体或自由基与桥连单元以自发组装或控制组装的方式组合而成。然而与传统的过渡金属或稀土金属分子基磁性材料相比，纯有机自由基磁体展现出无与伦比的优越性，如低密度、结构多样性、磁损耗低等，因此受到众多实验和理论工作者的关注。1991 年，Tamura 等人发现了第一个纯有机自由基磁体，对硝基苯基氮氧自由基 β 晶相（1，图 1-1），通过实验表征证实了其铁磁转换温度（居里温度，T_C）为 0.6 K。随后，又报道了许多其他纯有机自由基磁体，且这些磁体在较低的居里温度下也呈现出铁磁转换。1995 年，Caneschi 等人通过对含硫氮氧自由基（2，图 1-1）的粉末样品进行磁性测量，发现该自由基表现为铁磁性，T_C 约为 0.2 K。其含硫基团的引入可以增加苯环上的电子密度，从而促进分子间的铁磁耦合。1997 年，Matsushita 等人设计并制备了含对苯二酚或间苯二酚的氮氧自由基衍生物 HQNN 与 RSNN（3，图 1-1），其中 α-HQNN 的铁磁相变温度为 0.5 K，这是第一个由氢键构成的有机铁磁体。特别是，Banister 等人观察到在高温 36 K 下，硫-氮自由基 β 晶相可以展现出弱铁磁性，它是第一个在高于液氮温度时可以自发磁化的主族自由基（4，图 1-1）。2003 年，Alberola 等人制备了新的咪唑基自由基（5，图 1-1），与硫-氮自由基 4 类似，该自由基的居里温度随单晶结构的微小变化而改变，某些取向的单晶其 T_C 大于 1 K。

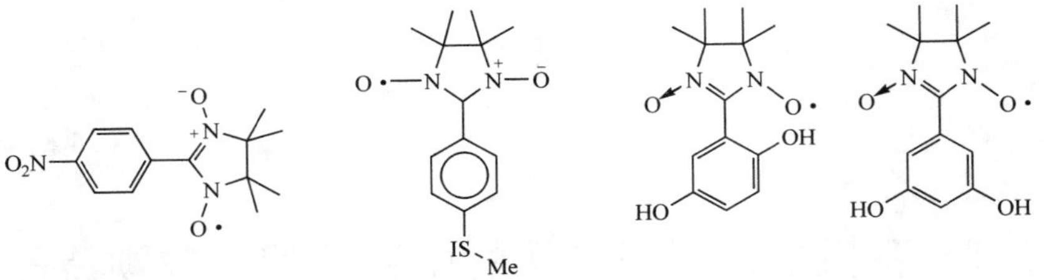

图 1-1　纯有机单自由基磁体

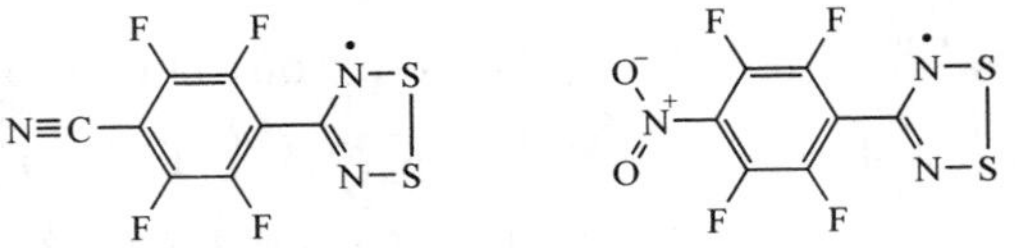

以上研究结果表明，这些纯有机单自由基磁体铁磁转换温度都相对较低，不容易呈现出铁磁性特征，特别是它们相应分子晶体结构的分子间铁磁性耦合相互作用都比较弱，因此在实际应用中会受到很大限制。一般来说，分子基材料的磁性由分子内磁耦合相互作用和分子间磁耦合相互作用共同控制。从分子的角度来看，分子内磁耦合相互作用和分子间磁耦合相互作用依赖于分子的晶体结构和性质。而分子内磁交换耦合常数（J）可以表征一个分子的磁耦合相互作用，毫无疑问，开发具有较大 $|J|$ 值的磁性有机单分子是非常关键的。双自由基作为最基本的一种磁性分子或分子磁体，是构成高自旋态分子材料的基础，近来一直是材料科学的研究焦点。常见的纯有机双自由基包括两大类。第一类主要特征是，由两个单自由基分别作为自旋源，通过耦合单元（coupler or coupling unit）桥连而成，其中两个自旋中心中未成对电子之间的自旋-自旋耦合可通过键（through-bond）或者通过空间（through-space）

2

两条途径发生磁交换相互作用，使体系呈现铁磁性（FM）或反铁磁性（AFM），耦合机理如图 1-2 所示。而第二类双自由基是分子本身就呈现开壳层基态，呈现铁磁性或反铁磁性，而不需要额外添加自旋源。

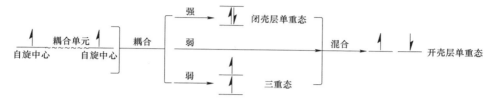

图 1-2　双自由基中两个自旋源之间的磁耦合机理示意图

具体而言，对第一类双自由基，当两个单自由基之间的距离较近时，二者之间强烈的相互作用使两个未成对电子在同一分子轨道上耦合配对，表现为闭壳层单重态基态（CS），即无磁性。但随着距离的增大两个单自由基中未成对电子之间的相互作用变弱，当自旋平行取向时表现为三重态基态（T），具有铁磁性；当自旋反平行取向时则表现为对称性破损开壳层单重基态（BS），具有反铁磁性，此时两个未成对电子分别位于两条简并的分子轨道上。其中理想的对称性破损开壳层单重态是由等量的闭壳层单重态与三重态混合而产生，实际上是一个混合态。目前常用磁耦合常数 J 来表征一个双自由基的磁性特征。当 J 值大于零时，分子表现为铁磁性，而当 J 值小于零时，分子表现为反铁磁性。$|J|$ 值越大表明磁耦合作用越强。

由此可以推测，有机双自由基中自旋中心与耦合单元的选择都至关重要。一般来说，研究人员优先选取有机单自由基作为自旋中心，比如上面介绍的氮氧自由基。有机单自由基由较轻元素（氢、碳、氮、氧或硫）组成，为开壳层分子，其中一个未成对电子占据最高占据分子轨道（HOMO），很容易参与反应，故反应活性较高且寿命较短。自旋中心两个未成对电子之间的相互作用所引起的磁耦合是有机双自由基典型的特性之一，而该特性一直是研究分子功能材料的重要基础。1900 年，Gomberg 发现了第一个自由基——三苯甲基自由基，然而由于较高的反应活性它在实际中的应用受到限制。随后，人们相继发现并合成一系列其他相对稳定的有机单自由基。目前，常见的自旋源（自由基）主要有两个系列，分别为硝基氧自由基系列（NO）其中还包括氨基氧自由基系列（IN）与氮氧自由基系列（NN），和四联氮基自由基系列（VER）其中还包括含氧或含硫四联氮基自由基系列，如图 1-3 所示。一方面这些自旋中心本身伴随有磁性，另一方面它们都比较稳定，以硝基氧自由基为例，其未成对电子位于 π 反键轨道上，电子可以离域到氮、氧原子上，从而通过降低 π 反键轨道能量而提高其稳定性。

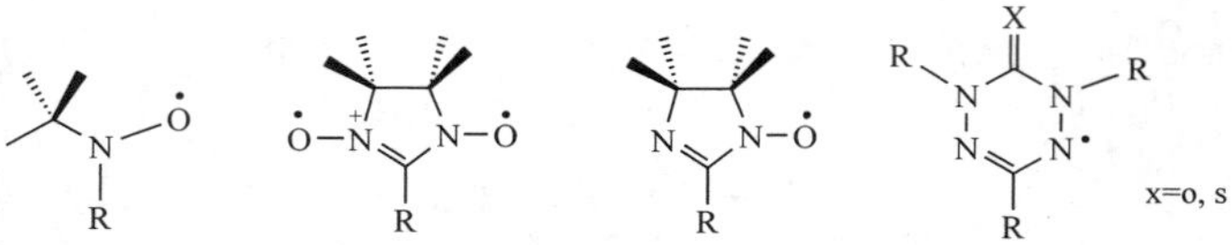

叔丁基硝基氧自由基1   氮基氧自由基2   氮氧自由基3   四联氮基自由基4

图 1-3　常见的自旋中心（自旋源）

对于耦合单元的选择则比较多样化，其中优先选择拥有 π 共轭体系的分子或者分子片段，这是因为 π 共轭体系的耦合单元通过键可以有效调节两个自旋中心之间的磁交换耦合作用，更大程度地参与自旋传输。迄今为止，由 π 共轭结构作为耦合单元桥连而成的双自由基及其磁耦合作用的报道已有很多，且仍在不断出现。Rajca 等人合成了 3 种构象限制的间亚苯基桥连硝基氧双自由基（图 1-4），在溶液和固体状态下，通过 X 光散射技术以及磁共振（包括电子顺磁共振 EPR 和核磁共振 ^{1}H—NMR）光谱表征，发现它们具有良好的环境稳定性和较强的铁磁耦合，并与理论计算结果吻合。利用对称性破损密度泛函理论方法，Ali 和 Datta 探究了一系列氮氧双自由基 [1～10，图 1-5（a）] 的磁耦合相互作用。用共轭烯烃、芳香烃以及芳香杂环化合物作为耦合单元，系统地阐明了影响磁耦合作用的关键因素。① 双自由基 1（无耦合单元）中，随着两自旋中心之间二面角的增大，|J| 值迅速减小，即双自由基的平面性越好越有利于磁耦合作用。② 当 1 中两自旋中心之间的二面角为 0° 时，对 1～4，随着耦合单元长度的增加相应的磁耦合作用减弱（J 依次为 -923、-310、-230、$-135 \, \text{cm}^{-1}$）。③ 通过对比 3（$J=-230 \, \text{cm}^{-1}$）与 5（$J=-87 \, \text{cm}^{-1}$）的 |J| 值发现，在两自旋中心之间长度相同的情况下，线性共轭烯烃桥连双自由基的磁性总是大于芳香性共轭烯烃桥连双自由基的磁性，即耦合单元较大的芳香性不利于反铁磁耦合。另外，5 与 8 各自的耦合单元中，其芳香性是苯环大于呋喃环。相应的，5（$J=-87 \, \text{cm}^{-1}$）的 |J| 值明显小于 8（$J=-148 \, \text{cm}^{-1}$），与上述观点相符。④ 间亚苯基趋向于支持铁磁耦合（7，$J=21 \, \text{cm}^{-1}$），而对亚

苯基往往与其桥连的自旋中心可以形成典型的凯库勒结构则支持相对较强的反铁磁耦合（5，$J = -87\ cm^{-1}$）。这些差别主要归因于自旋中心通过耦合单元时自旋极化的路径不同。简而言之，影响双自由基分子内磁耦合作用的主要因素包括：耦合单元的长度与芳香性、耦合单元与自旋中心之间共轭程度的高低以及自旋极化的路径。这些影响因素的澄清为双自由基分子的设计和合成提供了非常有价值的信息。上文提到的自旋传输和自旋极化解释如下。对于一个双自由基体系，自旋传输是指未配对电子在自旋中心沿着 π-共轭耦合单元的分布，而自旋极化是由部分占据轨道上的未成对电子与成对电子之间不同的相互作用引起。随后，Misra 等人运用相同的计算方法，考察由 2,4/5-呋喃、2,4/5-吡咯、2,4/5-噻吩、2,5/6-吡啶以及 p/m-亚苯基桥连的含氧四联氮基双自由基［图 1-5（b）］的磁耦合作用，再次证明了自旋中心通过耦合单元时不同的连接方式不仅可以调控 J 值的大小还可以调控 J 值的符号。对于由耦合单元桥连两自旋中心而成的这类有机双自由基，除上面提到的扭转效应（或者构象效应）与位置效应外，还可用光诱导光致变色体、氧化还原诱导法以及质子诱导法等来实现其磁性调控（包括磁性增强、减弱、转换、由无到有或者由有到无）。

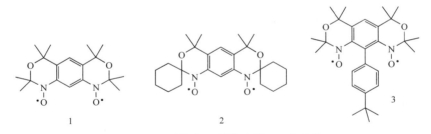

图 1-4　三种构象限制的硝基氧双自由基

　　光诱导光致变色体实现磁性调控的研究较其他方法相对成熟，其中关键是寻找光致变色耦合单元。一般光致变色耦合单元主要包括二芳基乙烯（diarylethene）及其衍生物、偶氮苯（azobenzene）、芪类（stilbenes）及芘类（pyrenes）分子等。Matsuda 和 Irie 合成了二芳基乙烯衍生物桥连的氮氧双自由基［图 1-6（a）］，电子自旋共振（ESR）和磁性测量发现：二芳基乙烯在紫外光照射下由开环异构体 2a 变为闭环异构体 2b 时，反铁磁耦合明显增强。此外，DFT 理论计算结果表明，二氢芘（dihydropyrene）桥连的氮氧或氨基

有机双自由基磁性分子理论设计及磁性调控研究

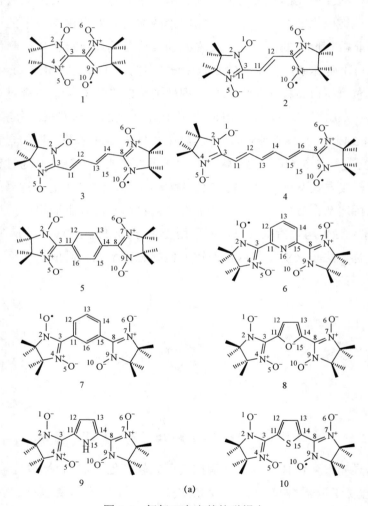

(a)

图 1-5　氮氧双自由基的磁耦合

（a）共轭烯烃、芳香烃以及芳香杂环化合物桥连氮氧双自由基。

6

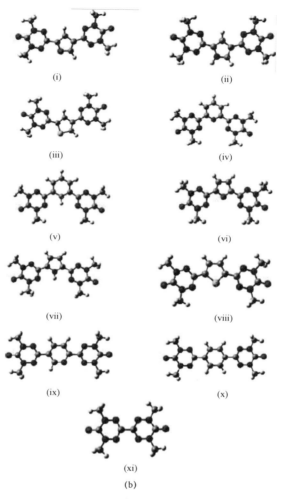

图 1-5 氮氧双自由基的磁耦合（续）

（b）芳香杂环化合物桥连含氧四联氮基双自由基。

氧双自由基［（图 1-6（b）］在光照下由开环异构体变为闭环异构体时，铁磁耦合明显增强，磁耦合常数 J 值的差异达到 9.44 cm^{-1}。特别是，在（U）B3LYP/6-311＋＋G（d，p）水平下，Shil 等人指出由偶氮苯桥连的双自由基［自旋中心分别采用 IN/NN/VER 自由基，图 1-6（c）］，通过光诱导可以实现反铁磁与铁磁耦合之间的转换，即反式偶氮苯双自由基表现为反铁磁耦合，而顺式偶氮苯双自由基表现为铁磁耦合。

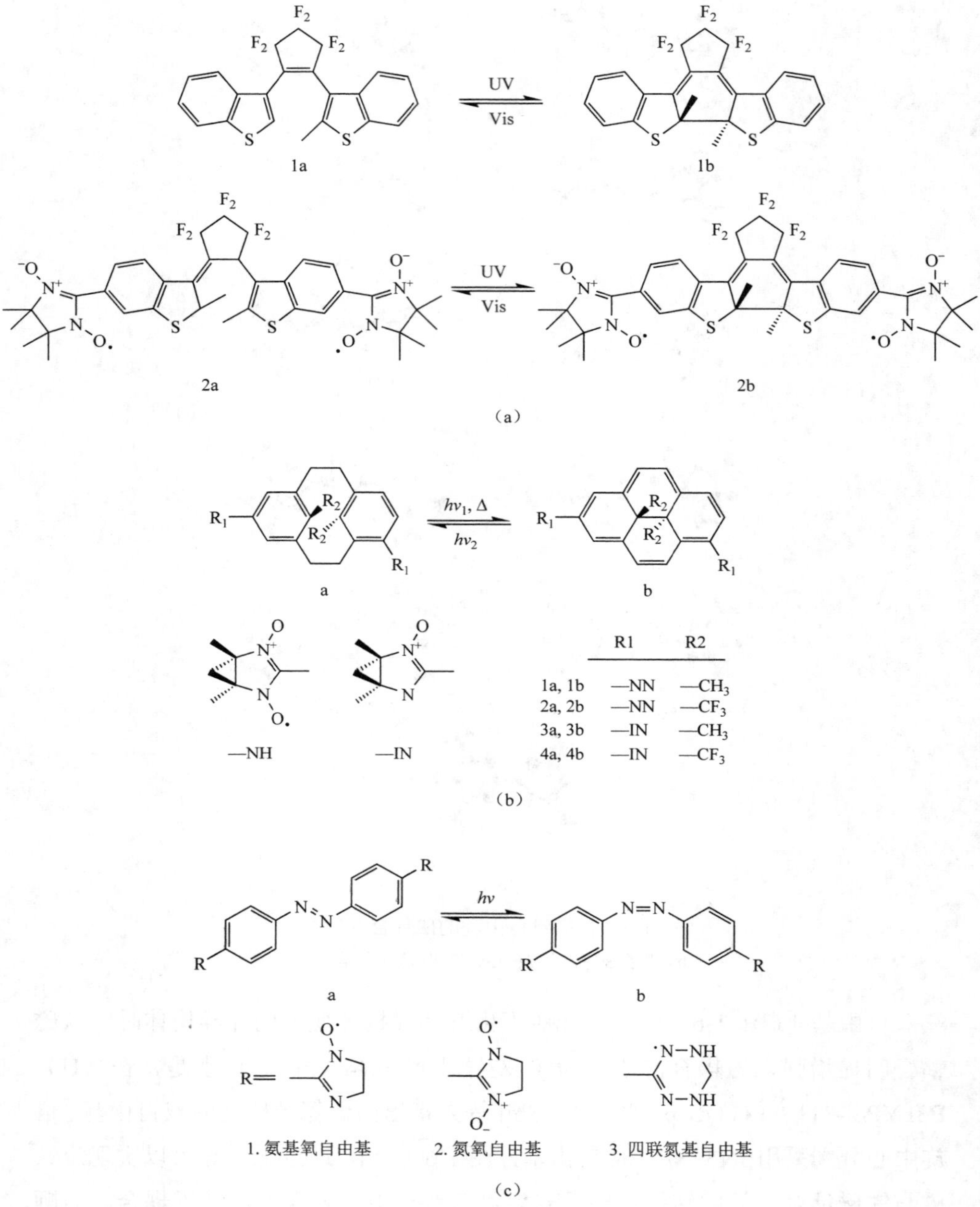

F2
UV
Vis
S
1a
1b
2a
2b
(a)
$h\nu_1$, Δ
$h\nu_2$
R1
R2
a
b
—NH
—IN
R1 R2
1a, 1b —NN —CH3
2a, 2b —NN —CF3
3a, 3b —IN —CH3
4a, 4b —IN —CF3
(b)
$h\nu$
R
N=N
1. 氨基氧自由基
2. 氮氧自由基
3. 四联氮基自由基
(c)

图 1-6 光诱导光致变色体实现磁性调控

（a）二芳基乙烯衍生物桥连氮氧双自由基；（b）二氢芘桥连氮氧或氨基氧双自由基；

（c）偶氮苯桥连双自由基。

　　类似地，利用氧化还原诱导法来实现磁性调控的关键是寻找具有氧化还原活性的耦合单元。2013 年，Ali 等人设计了构象限制的硝基氧双自由基其中耦合单元为间苯二酚。采用（U）B3LYP、CASSCF（2，2）、MR-CI 三种计算方法计算证实了该双自由基表现为铁磁耦合，而当它经过二氢化还原过程后，则表现为反铁磁耦合［图 1-7（a）］。这是纯有机单分子中由氧化还原法实现磁性转换的首次报道。随后我们设计了构象限制的对/间吡嗪桥连硝基氧双自由基，经过二氢化还原过程后耦合单元变为对/间二氢吡嗪。DFT 方法计算结果表明氧化还原法可分别诱导两对双自由基分子实现反铁磁耦合与铁磁耦合之间的转换。另外，研究人员还采用 DFT 方法探究了卟啉桥连叔丁基硝基氧双自由基的磁耦合特征，发现耦合单元卟啉环中心通过碳碳双键（C＝C）单元修饰后，一方面磁耦合作用明显增强，另一方面磁性行为由反铁磁耦合转换为铁磁耦合。进一步双电子氧化也呈现类似的情形，即 J 值的大小和符号均发生改变，如图 1-7（b）所示。这主要归因于碳碳双键修饰前后耦合单元与自旋中心之间不同的共轭性，以及双电子氧化前后两自旋中心之间不同的磁交换耦合路径。质子化诱导法实现磁性调控的关键是寻找可以发生质子转移/质子诱导电子转移/质子诱导互变异构的分子或者直接能质子化的耦合单元。Sandberg 等人指出质子化可以增强对甲氧二胺单元接受电子的能力并引发分子内电子转移，分子则表现出三重态铁磁性特征。此外，Abe 等人合成了一种溶剂致变色分子-苯酚桥连咪唑衍生物，如图 1-7（c）所示，DFT 方法计算发现，通过质子互变异构作用分子由 CS 基态变为 BS 基态，从而展现出明显的双自由基性质，即由无磁性变为反铁磁耦合。我们设计了由反/顺偶氮苯桥连的双自由基（自旋中心分别采用 NO/NN/VER 自由基），DFT 计算表明，单质子化偶氮单元可以明显增强双自由基的磁耦合作用但不改变其磁性行为。此外，利用 M06-2X 泛函计算，Ali 等人指出非共价阴/阳离子-π 相互作用对磁交换耦合作用有很大影响，并发现在平衡距离之下阴离子（包括 F⁻、Cl⁻、Br⁻）可以显著增强构象限制的间亚苯基桥连硝基氧双自由基［如图 1-7（d）］的铁磁耦合。

　　另外，Souto 等人观察到多氯三苯甲基自由基连接的四硫富瓦烯组成的单聚体与二聚体之间可以通过调控温度实现可逆的磁性转换［图 1-8（a）］。更有趣的是，Sarbadhikary 等人设计了由丙二烯以及累积多烯桥连的双自由基，

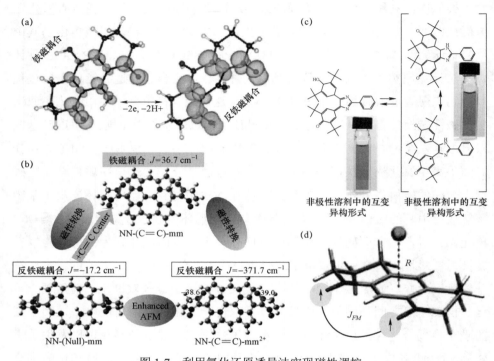

图 1-7 利用氧化还原诱导法实现磁性调控
（a）对苯二酚桥连硝基氧双自由基；（b）卟啉桥连硝基氧双自由基；
（c）溶剂致变色分子-苯酚桥连咪唑衍生物；（d）间亚苯基桥连硝基氧双自由基。

自旋中心分别采用 NN/VER 自由基，如图 1-8（b）所示。DFT 计算发现，随着耦合单元长度的增加相应的磁耦合常数明显增大，与前面 Ali 和 Datta 所得结论正好相反。这是因为随着耦合单元累积多烯长度的增加，自旋极化明显增强，即耦合单元的自旋密度分布增大。特别是，随着耦合单元累积多烯长度的增加，相应双自由基的 LUMO 能级降低，较小的 HOMO-LUMO（HOMO：最高占据分子轨道；LUMO：最低未占据分子轨道）能差能有效促进磁耦合相互作用。此外，Lee 等人指出边缘被三亚甲基甲烷或者含氧四联氮基自由基（OVER）终止的锯齿形石墨烯纳米带［ZGNR，图 1-8（c）］，其磁性大小甚至磁性行为的调控可以通过化学掺杂法实现。具体而言，与未掺杂双自由基体系相比，自由基终止边缘只掺杂一个氮原子时可以增强磁耦合作用并改变磁性行为，而只掺杂一个硼原子时可以改变磁性行为但削弱磁耦合作用。当两边缘分别掺杂氮原子与硼原子时则不会改变磁性行为。

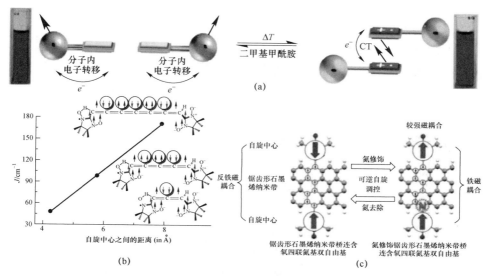

图 1-8　利用温度诱导法、增加耦合单元长度法、化学掺杂法实现磁性调控

（a）热磁分子体系由温度调控磁性可逆转换；（b）累积多烯桥连氮氧双自由基磁耦合常数与
两自旋中心距离之间的线性关系；（c）锯齿形石墨烯纳米带桥连双自由基。

事实上，一些未修饰或者修饰的小型石墨烯片/石墨烯纳米带以及直链并苯及其衍生物它们属于凯库勒结构分子，本身就可以呈现出完备的双自由基性质或者潜在的双自由基性质，即不需要人为加入带有单电子的自旋中心就可以表现出铁磁性或者反铁磁性，构成第二类常见的有机双自由基磁性分子。该类双自由基分子一般有如下特征：① 单-三重态（CS-T）能量差较小，二者可以充分混合产生 BS 态，当能量 $E_{BS} < E_T < E_{CS}$ 时表现为反铁磁性，而当 $E_T < E_{BS} < E_{CS}$ 时则表现为铁磁性；② 闭壳层单重态的 HOMO-LUMO 能差较小，有利于电子从 HOMO 跃迁到 LUMO，表现出双自由基性质的可能性较大；③ 双自由基性质的大小可以用自旋污染 $<S^2>$ 值衡量，按标准而言 CS 态的 $<S^2> = 0.00$，BS 态的 $<S^2> = 1.00$，而 T 态的 $<S^2> = 2.00$。双自由基分子 BS 态的 $<S^2>$ 值接近或者大于 1.00 时，双自由基性质比较明显；④ 直链并苯及其衍生物备受关注。Bendikov 等人采用 DFT 方法对一系列直链并苯计算发现，并六苯以下的直链并苯基态均为 CS 态即无磁性，而并六苯（$<S^2> = 0.26$）以上的直链并苯却都表现出双自由基性质，且随着苯环增加相应 CS-T 能量差逐渐变小甚至变为负值，从并八苯（$<S^2> = 1.08$）开始双自由基性质非常明显表现为 BS 基态即反铁磁性特征。特别是，并十苯的 $<S^2>$ 值达到 1.42，其 BS 基态的两条单占据分子轨道 SOMOs 表现出明显不相交（disjoint）特征，即两个单电子分别位于两条聚乙炔链上，如图 1-9（a）所示。有趣的是，研究人员采用两种方式对并六苯以下的直链并苯（苯～并五苯）进行多锌修饰，结合 DFT 方法、完全活性自洽场（CASSCF）方法以及耦合簇理论（CCSD）计算指出这两类多锌修饰的直链并苯基态均为 BS 态具有反铁磁性，再次证明化学掺杂是调控磁性的一种有效方法。如图 1-9（b）所示，多锌修饰的两个并五苯分子各自对应的 SOMOs 明显不相交，两未成对电子分别位于同一结构的不同区域。从六锌修饰的并五苯分子其单占据分子轨道可以看出两个单电子也分别位于两条聚乙炔链上，类似于并十苯。

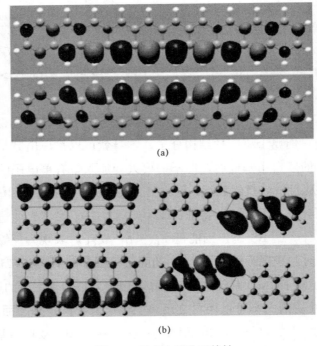

图 1-9　双自由基分子特性
（a）并十苯开壳层单重态的单占据分子轨道；
（b）多锌修饰的两个并五苯分子开壳层单重态的单占据分子轨道。

实际上在众多的直链并苯中，并五苯作为人们熟知的一种 P-型有机半导体化合物一直备受青睐，由于其较高的电子迁移率 [5.5 cm²/（V·s）] 可以作为有机薄膜晶体管（OTFT）、有机场效应晶体管（OFET）以及生物传感器的活性半导体材料。如上所述，并五苯表现为 CS 基态，有趣的是近来研究人员采用从头算分子动力学模拟发现动态的并五苯可以周期性地表现出双自由基性质。换句话说，振动是分子固有的属性，并五苯振动时某些瞬时构型的 CS-T 与 HOMO-LUMO 能量差变小，使其表现为 BS 基态呈现出反铁磁性。因此我们可以得出结论，这些凯库勒结构分子表现出双自由基性质的关键是它们的 CS-T 与 HOMO-LUMO 能量差都相对较小，寻找具有较小 CS-T 与 HOMO-LUMO 能量差的分子至关重要。研究发现并五苯衍生物一方面可以克服并五苯溶解性差、容易发生光降解反应以及较低电子迁移率等弱点外，更重要的是与并五苯相比，其中一些衍生物的 HOMO-LUMO 能差相对减小，为双自由基性质的出现提供了较大可能。Kaur 等人结合实验和理论计算系统探索了取代效应包括卤代、苯代、硅乙炔化及硫代效应对并五苯抗光氧化性及 HOMO-LUMO 能差的影响发现：① 烷基硫代并五苯与芳基硫代并五苯抗光氧化性相比于并五苯大大提高，并在多种有机溶剂中有较好的溶解性，是设计有机薄膜晶体管与有机发光二极管良好的候选分子；② 当在并五苯的 6,13-位置引入吸电子基团如卤素、硅乙炔基、乙炔基、烷基硫或者芳基硫时，这些并五苯衍生物的 HOMO 与 LUMO 能级均降低而 LUMO 能级降低幅度更大，故相应的 HOMO-LUMO 能差减小。

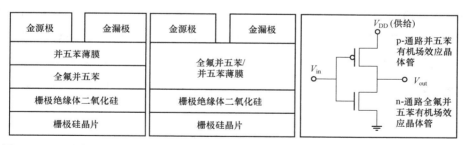

图 1-10 异质结构与异构混合双极性有机薄膜晶体管结构图（左），例相电路装置（右）
p-Channel Pentacene OFET 指 p-通路并五苯有机场效应晶体管，n-Channel Perfluoropentacene OFET 指 n-通路全氟并五苯有机场效应晶体管。

在基本不改变分子结构的情况下，卤代效应中全氟化作用是功能化并五苯的一种有效措施，这主要是因为氟原子相对较小的原子尺寸。另外，全氟化作用可将并五苯由 P 型半导体转换为 N 型半导体，这是由于氟原子很强的吸电子特性，全氟化作用有效地改变了并五苯的电子结构增加了电子亲和能，因此提高电子的注入使电子迁移率提高到 0.22 cm²/（V·s）。如图 1-10 所示，双极性晶体管与倒相电路装置中就是同时利用 N 型半导体材料并五苯较高的空穴迁移率与 P 型半导体材料全氟并五苯较高的电子迁移率。全氟化作用改变并五苯的电子结构主要是通过稳定它的前线轨道 HOMO 和 LUMO 实现，全氟并五苯优良的电子特性与它的前线轨道密切相关。与并五苯相比，全氟并五苯的 HOMO 与 LUMO 能级均降低，HOMO-LUMO 能差也明显减小，为双自由基性质的出现创造了非常有利的条件。与并五苯类似，DFT 计算结果表明，振动可以诱导全氟并五苯展现出脉冲双自由基性质，主要是因为振动时其瞬时构型的 CS-T 以及 HOMO-LUMO 能量差的周期性变化。另外，与并五苯不同的是全氟并五苯有更多的振动模式可以表现出双自由基性质，并出现在低频区，对磁性材料的设计非常有利，可以为实验提供有价值的指导。

　　总而言之，对于由耦合单元桥连两自旋中心而成的双自由基，寻找匹配性良好的耦合单元与自旋中心是关键；而对于凯库勒结构分子，相应的单-三重态以及 HOMO-LUMO 能量差是衡量其双自由基性质能否出现的重要指标。当然对某些非凯库勒结构分子进行修饰改造也可以使其具有完备的双自由基性质。此外，发展调控双自由基分子磁性大小与磁性行为更有效的方法是该领域面临的最大挑战，有待进一步探索。基于有机双自由基分子的磁性材料领域刚刚打开，随着双自由基化学在理论和实验上的相互交叉与渗透，这个新的化学领域将取得更大的发展。另外值得一提的是，越来越多的有机多自由基也引起人们广泛关注，其中合成的多自由基中多数以间亚苯基为桥。

1.2　理论计算方法

　　密度泛函理论（Density Functional Theory，DFT）的基本思想是用电子的密度函数来描述和确定体系的性质，而不再求助于波函数。1927 年，也就是量子力学诞生之初，Thomas 和 Fermi 各自提出了均匀电子气模型，将原子的动能表示成电子密度的函数，并将原子核与电子、电子与电子的相互作用通过电子密度表示出来。但是直到 1964 年 Hohenberg 与 Kohn 提出 Hohenberg-Kohn 第一、第二定理，指出可以由电子密度计算体系基态的性质，表明电子密度可以代替波函数，Thomas-Fermi 模型才有坚实的理论基础。1965年，Kohn 与沈吕九给出著名的 Kohn-Sham 方程之后，密度泛函理论才能够普遍应用。随后，众多学者做了大量努力对密度泛函理论进行探究和完善，使其得到快速发展。局域密度近似（LDA）、广义梯度近似（GGA）、超密度梯度近似（meta-GGA）、hyper-GGA 等泛函方法被陆续提出用于近似处理交换相关项。密度泛函理论是一种研究多电子体系电子结构和性质的量子力学方法，相比于传统的 Hartree-Fock 方法具有更快的计算速度并且能够获得令人满意的计算精度，因而现已被广泛运用于有机体系的计算模拟中。

在众多的密度泛函方法中，由梯度校正的 LYP（Lee，Yang，and Parr）相关泛函和 Becke 三参数杂化交换泛函组合而成的 B3LYP 方法应用最为广泛。特别是，在描述双自由基体系时，B3LYP 方法可以较好地预测它们的基态，比 MP2（二级微扰理论）和 CCSD（耦合簇理论）等方法耗时少且大大节约计算成本。事实上，采用考虑自相互作用校正的 M06-2X 方法也可以描述双自由基中两单电子的弱相互作用，不过该方法与采用 B3LYP 方法所得结果基本一致。因此，本书主要采用 B3LYP 与 M06-2X 方法对所研究的双自由基体系进行理论探究。考虑到极化函数与弥散函数对计算结果的准确性，本书主要采用 6-311＋＋G(d,p) 基组进行计算。在描述双自由基磁交换耦合作用方面，大量的研究已经表明选择 B3LYP/6-311＋＋G（d，p）方法是恰当的，计算结果也是可靠的。对于某些体系用到的其他泛函以及计算方法，在每章的计算细节部分都会有详细的介绍，这里不再赘述。

1.3　本书开展的主要工作

综上所述，在设计新颖的有机双自由基分子以及发掘调控双自由基磁性大小与磁性行为更有效的方法等方面仍有很多问题亟待进一步证实。基于此，本书采用密度泛函理论，系统地讨论了由氧化还原诱导法、双氮掺杂法、质子诱导法及分子振动引发四类有机双自由基其磁性大小甚至磁性行为发生转换，并详细阐述了不同方法对应的磁交换耦合机理，为进一步深入了解双自由基磁性分子在电磁器件等方面的应用提供了一定的理论指导和信息。开展的主要工作如下。

（1）自旋磁耦合的氧化还原调控

与传统的光致变色体、温度诱导法相比，由氧化还原法诱导纯有机双自由基体系实现铁磁性与反铁磁性之间的转换容易实现，但是寻找具有氧化还原反应活性的耦合单元比较困难。本部分工作设计了两对双自由基分子，即两个构象限制的硝基氧自由基作为自旋中心通过氧化还原活性耦合单元间/对吡嗪桥连，发现氧化或还原前后两对双自由基的磁耦合常数其大小和符号均发生明显改变，相应的磁耦合相互作用较强。本部分研究为设计高自旋磁性材料以及磁性可控的分子开关提供了新的理论指导。

在有机双自由基中，氧化还原诱导的磁性转换非常引人注目。本工作设计了十二对硝基氧双自由基，其中耦合单元均具有氧化还原反应活性，发现每对双自由基氧化或还原前后可发生铁磁性与反铁磁性之间的转换。磁性的转换主要归因于氧化或还原前后每对双自由基不同的自旋磁耦合路径。该项工作为氧化还原调控磁性转换双自由基的合理设计开辟了新思路。

（2）自旋磁耦合的双氮掺杂效应

双氮掺杂是功能化多环芳香烃的一种有效措施，双氮掺杂可引起多环芳香烃其前线轨道的 HOMO 与 LUMO 能级发生明显改变，进而影响它的电学以及可能的磁学性质。基于此，本工作设计了双氮掺杂二苯并蒽桥连硝基氧自由基，并研究双氮掺杂效应、双氮掺杂位置效应以及进一步的双电子氧化效应对磁耦合作用的影响，指出自由基基团其 SOMOs 与耦合单元其 HOMO 或 LUMO 较好的匹配性可以促进磁耦合作用。研究结果可为修饰碳基磁性材料的设计与合成提供一定的借鉴。

（3）磁耦合的光诱导异构化及质子化调控

偶氮苯是人们熟知的一种光致变色分子，除光致变色特性以外，已有文献研究表明偶氮单元其中一个氮原子是质子化最敏感部位，并且实验上已经观察到质子化反式偶氮苯的存在。基于此，本工作设计了顺/反偶氮苯桥连硝基氧双自由基，揭示了质子化促进磁耦合作用的实质，并换用不同的耦合单元与自旋中心以及自旋中心不同的连接方式证实质子化可以增强磁耦合作用这一结论。另外，还参照实验环境采用弱酸根离子作为质子化介质检验了质子化效应对磁耦合作用的影响。这项工作进一步加深大家对双自由基磁耦合作用机理的认识并为双自由基实现磁性调控提供了一个新视角。

芳香性席夫碱亚苄基苯胺具有较好的稳定性、光学与电学性质，其中亚胺氮单元可通过质子化而保留其共轭结构，为亚苄基苯胺桥连双自由基的自旋传输创造了非常有利的条件。基于此，本工作设计了顺/反亚苄基苯胺桥连硝基氧双自由基，探究质子化亚胺氮单元诱导磁性增强，并通过改变自旋中心的连接位置进一步证实该结论。此外，比较了等电子体顺/反亚苄基苯胺、偶氮苯和二苯乙烯桥连硝基氧双自由基质子化前后的磁耦合强度，发现它们之间存在线性关系。本研究为质子化诱导磁性调控双自由基的合理设计拓展了新视野。

（4）动态磁性及热振动调控

本章工作主要研究了动态全氟并五苯的脉冲双自由基性质。静态全氟并五苯为闭壳层单重态分子无磁性，但其适中的单-三重态能量差以及较小的 HOMO-LUMO 能差是支持其潜在双自由基性质出现的决定性因素。通过对全氟并五苯所有 102 种正/负位移振动模式计算，发现全氟并五苯的某些振动模式瞬时构型可以表现出双自由基性质，并且双自由基性质随时间的演化可呈现出周期性脉冲行为。这项工作打破了并五苯及其衍生物是标准的闭壳层单重态体系这一传统认识，也为实验研究全氟并五苯其动态磁性提供了一定的理论依据。

第 2 章
吡嗪桥连硝基氧双自由基：
氧化还原诱导磁性转换

2.1　引　言

　　有机磁性材料不仅激发了研究人员极大的兴趣，该领域也逐渐成为分子科学的研究焦点。自旋态或者磁性可以转换的有机分子在自旋学、分子电学、数据存储等方面具有广泛的应用，这主要是因为其单占据分子轨道（SOMOs）中有未成对电子。典型的例子包括自旋态可以转换的有机金属配合物，以及在固态或者溶液中可以发生自旋态转换的有机分子。在有机体系中，实现磁性转换现象的方法有质子诱导法、温度诱导法以及光诱导法（其中主要包括光诱导光致变色体）等。近来，由氧化还原法诱导有机体系实现磁性转换非常引人注目，很可能在磁性材料领域找到广泛的技术应用。鉴于此，本工作以硝基氧自由基为自旋中心，具有氧化还原活性的间/对吡嗪为耦合单元设计了两个双自由基分子，通过氧化还原反应它们的磁性行为实现铁磁性（FM）与反铁磁性（AFM）之间的转换。之所以选择吡嗪作为耦合单元和氧化还原反应活性单元，是因为吡嗪是人们熟知的一种有机化合物，其在水溶液中的还原反应很早就有研究。此外吡嗪及其衍生物在生物科学、食物化学以及光化学等方面也应用很广。更重要的是，在许多吡嗪衍生物中，吡嗪单元可以作为氧化还原活性中心参与许多化学反应。我们合理利用吡嗪这一特性，成功设计了具有发展前景的两对有机磁性分子开关。

如前所述，影响两自旋中心之间磁耦合相互作用的因素有若干个。通过探究一系列以间亚苯基为耦合单元的双自由基体系，Catala 等人发现自旋极化以及分子的构象也影响磁耦合相互作用。此外，Datta 等人证明自旋离域以及耦合单元的长度和芳香性可以影响磁耦合相互作用，并指出间亚苯基趋向于支持 FM 耦合而对亚苯基支持 AFM 耦合。因此，将两个自由基基团连接到间/对亚苯基时能够产生具有靶向磁性的双自由基以供进一步应用。受此启发，本工作从理论上设计并研究了两个双自由基磁性分子，即将两个构象限制的硝基氧自由基连接到已被修饰的对/间亚苯基耦合单元上，其中亚苯基 2 位和 5 位的 C—H 片段被两个氮原子取代转变为对/间吡嗪，分别记为 1a 与 2a。很明显，1a 与 2a 中氧化还原活性单元对/间吡嗪经过二氢化（2e-2H$^+$）还原反应可转变为对/间二氢吡嗪，相应的双自由基记为 1b 与 2b，如图 2-1 所示。

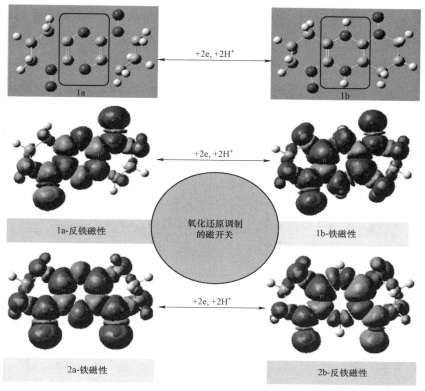

图 2-1　氧化还原法诱导硝基氧双自由基结构与磁性转换

黑色方框内的分子片段为氧化还原反应活性单元，1a 与 2a 中为吡嗪，1b 与 2b 中为二氢吡嗪。

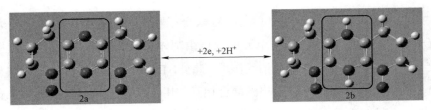

图 2-1　氧化还原法诱导硝基氧双自由基结构与磁性转换（续）

黑色方框内的分子片段为氧化还原反应活性单元，1a 与 2a 中为吡嗪，1b 与 2b 中为二氢吡嗪

换言之，选用两个硝基氧基团（)N—O•）作为自旋中心，通过具有氧化还原特性的耦合单元间/对吡嗪（*m*-/*p*-pyrazinyl）进行桥连，构建了两对双自由基分子：nitroxy-*p*-pyrazinyl-nitroxy（1a）与 nitroxy-*m*-pyrazinyl-nitroxy（2a）以及对应的二氢化还原产物 nitroxy-*p*-dihydropyrazinyl-nitroxy（1b）与 nitroxy-*m*-dihydropyrazinyl-nitroxy（2b）。通过比较以上分子三种可能的自旋态，包括闭壳层单重态（CS），对称性破损开壳层单重态（BS）以及三重态（T），来确定分子的基态及磁性行为，并主要从自旋离域、自旋极化、耦合单元的芳香性和分子的构象方面讨论分子不同的磁性特征（包括磁性大小和磁性行为）。本工作最主要的发现是：设计的每一对双自由基分子一经氧化或还原就可以实现 FM 耦合与 AFM 耦合之间的转换（图 2-1）。也就是说，具有 AFM 耦合的 1a 一经二氢化还原就转换为 FM 耦合的 1b，而 FM 耦合的 2a 一经二氢化还原则转换为 AFM 耦合的 2b，反之亦然。即，设计了两对由氧化还原法诱导实现磁性转换的磁性分子开关。其中观察到的磁性转换现象以及这些双自由基分子相应的基态性质可以用自旋交替规则、SOMO 效应和分子三重态 SOMO-SOMO 能量差解释。此外，还分析了立体异构化作用对磁耦合作用的影响。希望这些双自由基分子其有趣的磁性转换现象可以为进一步设计磁性可控的分子开关奠定基础。

2.2　计算细节

密度泛函理论已被证实可以成功地预测双自由基分子的基态。本工作采用（U）B3LYP 方法在 6-311＋＋G(d,p)基组水平下对两对分子的几何构型进行优化（包括 CS、BS 和 T 态），结果表明优化的几何构型为势能面上的最小值，没有出现虚频。此外，在（U）B3LYP/6-311＋＋G(3df,3pd)水平下进行了单点计算，并利用一种较现代的密度泛函方法 M06-2X，在 6-311 + + G（d，p）基组水平下验证上面计算结果的准确性。另外，借助 CASSCF（10，10）方法通过计算 1a、1b、2a 和 2b 其最低未占据自然轨道（LUNO）占据数，可以描述相应分子的双自由基特征。具体而言，一个完备的双自由基分子其最高占据自然轨道（HONO）和 LUNO 的占据数理论上分别为 1.0，而一个完备的闭壳层体系其 HONO 和 LUNO 的占据数分别为 2.0 和 0.0。研究发现核独立化学位移（NICS）已广泛用于估测分子的芳香性/反芳香性，即 NICS 为负值时表明分子具有芳香性，而 NICS 为正值时分子则呈现反芳香性。分子 1a、1b、2a 和 2b 的 NICS 值也是在 B3LYP/6-311 + + G(d,p)水平下进行计算。通过计算 NICS 值可以进一步定量地说明耦合单元的芳香性对磁耦合作用的影响。本工作磁交换耦合常数（J）的计算采用 Noodleman 等人提出的 DFT 对称性破损方法，其表达式由 Yamaguchi 等人发展并给出，写为 $J = (E_{BS} - E_T)/(<S^2>_T - <S^2>_{BS})$，其中 E_{BS} 与 E_T 分别表示 BS 及 T 态能量，$<S^2>_T$ 与 $<S^2>_{BS}$ 则表示相应自旋态的自旋污染。此外，Ginsberg 给出计算纯单重态与三重态能量差表达式，写为 $\Delta E_{ST} = <S^2>_T \cdot J$。以上所有密度泛函理论计算均利用高斯 03 或 09 程序完成。

2.3　结果与讨论

本工作设计了两个构象限制的双自由基 1a 与 2a，二者可经过二氢化还原过程分别变为 1b 与 2b（图 2-1），然后计算并详细讨论了这两对双自由基分子的磁性特征。此外，为了充分说明计算结果的准确性并证实构象效应对磁耦合作用的影响，还探究了双自由基分子 1a 与 2a 各自的立体异构体，分别记为 1a′与 2a′。类似地，经过二氢化还原过程后，1a′与 2a′分别变为 1b 与 2b 相应的立体异构体，记为 1b′与 2b′（图 2-2）。计算结果表明 1a、1a′、2b 和 2b′均表现为开壳层 BS 基态即 AFM 耦合，而 1b、1b′、2a 和 2a′则表现为三重态 T 基态即 FM 耦合。在（U）B3LYP/6-311 + + G(d,p)水平下，双自由基分子 CS，BS 及 T 态能量，相应的能级顺序，纯单重态和三重态能量差 ΔE_{ST}，以及相应的磁交换耦合常数 J 值分别汇总在表 2-1～表 2-3 中，表 2-2 还给出 UM06-2X/6-311 + + G(d,p)水平下的 J 值以供对比，其中 UM06-2X 方法采用

Gaussian 09 程序实现。两种不同泛函计算结果表明所得 J 值相对准确，且两对双自由基分子之间均可以发生磁性转换（1a↔1b，2a↔2b）。此外，1a、1b、2a 和 2b 单点计算结果也在表 2-4 中给出，说明采用 B3LYP 泛函计算是可靠的。我们发现四对双自由基分子其 $|J|$ 值均比较大，故这些磁性分子有很好的应用前景。其中自旋交替规则、SOMO 效应可以定性描述双自由基分子的基态，以便更好地理解它们不同的磁性行为，另外还计算了分子三重态 SOMO-SOMO 能量差进一步阐述其基态及磁性行为。以下将重点分析双自由基 1a 与 2a 以及相应还原产物 1b 与 2b 的磁耦合相互作用和磁性转换现象，当然对相应的立体异构体 1a′/1b′，2a′/2b′ 的磁性特征也进行了粗略讨论。

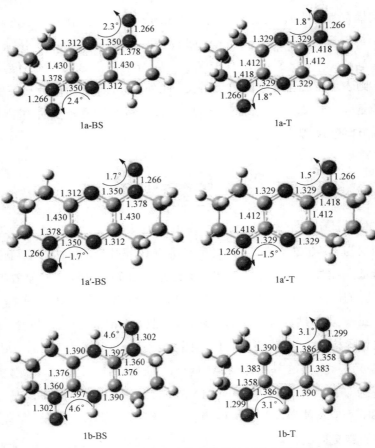

图 2-2　优化得到的各个自旋态的结构以及主要结构参数

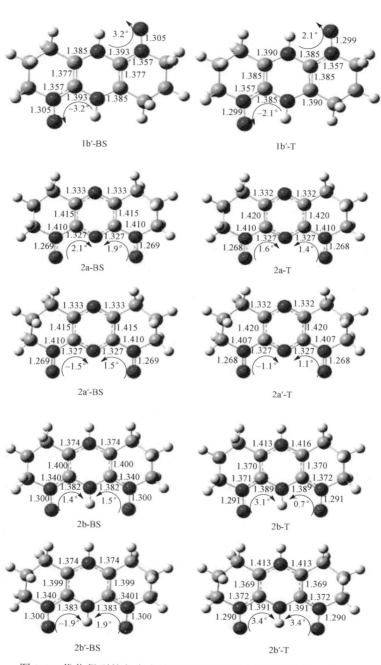

图 2-2　优化得到的各个自旋态的结构以及主要结构参数（续）

表 2-1 （U）B3LYP/6-311 + + G(d,p)水平下，四对双自由基分子闭壳层单重态能量（E_{CS}）、对称性破损开壳层单重态能量（E_{BS}）和三重态能量（E_T），单位 a.u.，以及 E_{CS}、E_{BS} 和 E_T 相应的能级顺序

双自由基分子	E_{CS}/a.u.	E_{BS}/a.u.	E_T/a.u.	能级顺序
1a	− 757.824 677 6	− 757.828 313 9	− 757.815 140 5	$E_{(BS)} < E_{(CS)} < E_{(T)}$
1b	− 758.999 722	759.013 918 6	− 759.017 003 1	$E_{(T)} < E_{(BS)} < E_{(CS)}$
2a	− 757.789 694 8	− 757.817 427 1	− 757.818 556 3	$E_{(T)} < E_{(BS)} < E_{(CS)}$
2b	− 759.015 745 2	− 759.017 866 5	− 759.006 656 6	$E_{(BS)} < E_{(CS)} < E_{(T)}$
1a′	− 757.824 676 8	− 757.828 306 8	− 757.815 104 4	$E_{(BS)} < E_{(CS)} < E_{(T)}$
1b′	− 758.963 796 4	− 759.013 781 6	− 759.017 008 0	$E_{(T)} < E_{(BS)} < E_{(CS)}$
2a′	− 757.789 695 4	− 757.817 479 9	− 757.818 613 1	$E_{(T)} < E_{(BS)} < E_{(CS)}$
2b′	− 759.015 710 5	− 759.017 923 3	− 759.007 427 8	$E_{(BS)} < E_{(CS)} < E_{(T)}$

表 2-2 （U）B3LYP/6-311 + + G(d,p)水平下，1a、1b、2a 和 2b 对称性破损开壳层单重态能量（E_{BS}）和三重态能量（E_T），单位 a.u.，相应的自旋污染值（$<S^2>$），分子内磁交换耦合常数（J，cm^{-1}）以及单-三重态能量差（ΔE_{ST}，kcal/mol），表中还给出（U）M06-2X/6-311 + + G(d,p)水平下的 J 值以供对比

双自由基分子	$E_T(<S^2>)$	$E_{BS}(<S^2>)$	J(B3LYP)	J(M06-2X)	ΔE_{ST}
1a	− 757.815 140 5(2.008)	− 757.828 313 9(0.644)	− 2 117.9	− 1 917.1	− 12.15
1b	− 759.017 003 1(2.056)	− 759.013 918 6(0.977)	626.9	520.2	3.68
2a	− 757.818 556 3(2.031)	− 757.817 427 1(0.985)	236.7	237.9	1.37
2b	− 759.006 656 6(2.041)	− 759.017 866 5(0.547)	− 1 645.4	− 918.9	− 9.59

表 2-3 （U）B3LYP/6-311 + + G(d,p)水平下，1a′、1b′、2a′和 2b′对称性破损开壳层单重态能量（E_{BS}）和三重态能量（E_T），单位 a.u.，相应的自旋污染值（$<S^2>$），分子内磁交换耦合常数（J，cm^{-1}）以及单-三重态能量差（ΔE_{ST}，kcal/mol）

双自由基分子	E_T/a.u.($<S^2>$)	E_{BS}/a.u.($<S^2>$)	J/cm^{-1}	ΔE_{ST}(kcal/mol)
1a′	− 757.815 104 4(2.008)	− 757.828 306 8(0.644)	− 2 122.5	− 12.17
1b′	− 759.017 008 0(2.056)	− 759.013 781 6(0.953)	640.9	3.77
2a′	− 757.817 479 9(2.031)	− 757.818 613 1(0.985)	237.6	1.38
2b′	− 759.007 427 8(2.041)	− 759.017 923 3(0.557)	− 1 550.9	− 9.04

表 2-4 （U）B3LYP/6-311 + + G(3df,3pd)水平下单点计算得到 1a、1b、2a 和 2b 对称性破损开壳层单重态能量（E_{BS}）和三重态能量（E_T），单位 a.u.，相应的自旋污染值（$<S^2>$）以及分子内磁交换耦合常数（J，cm^{-1}）

双自由基分子	E_T/a.u.($<S^2>$)	E_{BS}/a.u.($<S^2>$)	J/cm^{-1}
1a	− 757.868 644 8(2.008)	− 757.879 563 2(0.798)	− 1 978.7
1b	− 759.072 158 6(2.057)	− 759.068 648 5(0.973)	710.1
2a	− 757.872 438 8(2.032)	− 757.871 311 5(0.984)	235.9
2b	− 759.061 426 7(2.042)	− 759.066 406 8(0.930)	− 982.1

2.3.1　磁性特征：磁性大小和磁性行为

如图 2-2 所示，优化几何构型表明 1a 中两自旋中心与耦合单元对吡嗪共平面，它们之间可形成良好的延伸 π 共轭凯库勒结构，而 π-型未成对电子的离域对磁交换耦合常数的大小和符号起决定性作用。1a 中大部分自旋密度从两自由基中心离域到耦合单元，进一步证明延伸 π 共轭结构的形成（图 2-3，1a-BS），这有利于自旋传输并促进很强的 AFM 耦合。尽管其耦合单元具有芳香性（耦合环中心或耦合环中心 1 埃（1Å）处，核独立化学位移 NICS（0）和 NICS（1）分别为 1.061 和 −3.545 ppm），趋向于支持 FM 耦合，但是 1a 中共轭体系的 π 电子离域起主导作用，因此表现为 AFM 耦合，表 2-2 其较大且负的 J 值也证实了结果的准确性。当 1a 经过二氢化还原变为 1b 时，自旋中心与耦合单元对二氢吡嗪之间仍保持较好的共平面，但是 1a 其高度的 π 共轭结构却遭到很大破坏，从而抑制了共轭结构的延伸和 π 电子的离域，不利于 AFM 耦合，故磁性行为由 AFM 耦合转换为 FM 耦合。与 1a 相比，1b 的磁耦合作用相对减弱，其中等大小且正的 J 值证实了该结论（表 2-2）。如图 2-3 所示，从 1b 的自旋密度分布图可以明显看出两未成对电子呈现自旋平行取向，即分子表现为 FM 耦合。特别是，能量数据也强有力地证明 1b 变现为 T 基态即 FM 耦合，如表 2-1 所示。

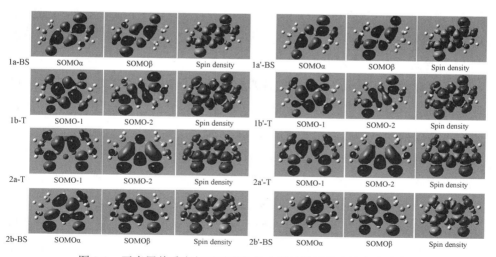

图 2-3　开壳层单重态与三重态的单占据轨道以及自旋密度分布

几何构型优化 2a 与 1a 情形类似，即两自旋中心与耦合单元间吡嗪接近共平面，它们之间的二面角（NCNO，图 2-2）均小于 2°。然而，2a 与 1a 的磁性行为却明显不同，原因是 2a 为非凯库勒结构分子，不支持 AFM 耦合。已有报道也证实耦合单元与其桥连的自旋中心为非凯库勒结构时将表现为 FM 耦合。此外，2a 其耦合单元拥有六个 π 电子呈现芳香性［NICS（0）和 NICS（1）化学位移分别为 -3.887 和 $-6.969\ \mathrm{ppm}$］，一般来说，芳香性分子支持 FM 耦合。另外，类似于间亚苯基双自由基，间吡嗪基双自由基的自旋极化也是导致 FM 耦合的来源。总而言之，分子的非凯库勒结构、耦合单元的芳香性以及自旋极化起协同作用支持 2a 表现为 FM 耦合。然而 2a 的 $|J|$ 值却明显减小于 1a，这是因为二者的自由基基团间位与对位不同的连接模式以及 2a 其耦合单元较大的芳香性。研究表明芳香性可减弱双自由基特性且不利于自旋离域，从而削弱两自由基之间的磁耦合相互作用。当 2a 经过二氢化还变为 2b 时，磁耦合作用明显增强且磁性行为也随着发生转换。原因一方面可能是 2b 其耦合单元间二氢吡嗪拥有八个 π 电子，由两个氮原子和两个双键各提供 4 个电子，即耦合单元是反芳香性的［NICS（0）和 NICS（1）化学位移分别为 2.573 和 2.077 ppm］，有利于 AFM 耦合。另一方面，从图 2-2 中我们注意到 2b 其两自由基基团与耦合单元之间形成部分 π 共轭结构，这为自旋中心之间的耦合创造了便利条件，从而产生相对较强的 AFM 耦合。此外与 2a 相比，2b 中耦合单元的 N-H 片段增加了空间位阻，抑制了两自旋中心之间的直接耦合。而根据洪特规则，直接耦合可以增强 FM 耦合，故 2b 呈现 AFM 耦合也是在预料之中。

　　总的来说，对于 1a，π 共轭凯库勒结构对其 AFM 耦合贡献很大，并可以促进两自旋中心之间的磁耦合作用，故其 $|J|$ 值较大；而对于 1b，非共轭结构阻碍了通过耦合单元的自旋传输从而支持 FM 耦合，使其 J 值减小，以上结果与较强的磁耦合作用来自于较大的自旋离域观点相一致。对于 2a 与 2b，各自耦合单元的 NICS 值是影响磁耦合作用的重要因素，并与以下观点相吻合：即随着耦合单元芳香性的增加双自由基更趋向于 FM 耦合，反之亦然。但是，研究表明芳香性不利于自旋离域，故 2a 的 $|J|$ 值小于 2b 的。此外，2a 的非凯库勒结构和耦合单元的自旋极化对其 FM 耦合也起重要作用，而对于 2b 其较强的 AFM 耦合除来自于耦合单元的反芳香性外，部分共轭结构的 π 电子离域

也是关键的影响因素。另外，还观察到两对双自由基分子 1a 与 2a 以及 1b 与 2b 分别属于位置异构体，而它们 J 值的大小和符号却差别很大，这表明分子的构象对磁性耦合作用也有很大影响。此外，对于上面提到的另两对双自由基分子 1a′/1b′ 和 2a′/2b′，其磁性大小和磁性转换行为与相应的立体异构体 1a/1b，2a/2b 类似，不再赘述。

特别是，对于高自旋态（三重态）分子 2a，其 J 值（236.7 cm^{-1}）与文献［109，110］所报道的高自旋态硝基氧双自由基体系其 J 值（B3LYP 方法计算为 282.7 cm^{-1}，实验测量为 140～280 cm^{-1}）非常接近，进一步证实了本工作计算结果的可靠性。此外，在 CASSCF（10，10）/6-311＋＋G(d,p) 水平下定量计算了 1a、1b、2a 和 2b 的双自由基特征，对应的 LUNO 轨道占据数分别为 0.502，0.920，0.911 和 0.402，表明双自由基性质百分比近似为 50.2%，92.0%，91.1% 和 40.2%，与它们各自的<S^2>值（0.644，0.977，0.985 和 0.547）能很好吻合，再次证明本工作计算结果的准确性。以下将从三方面分析四对双自由基分子的基态以及磁性行为，并简要讨论磁性转换可能的实际应用。

2.3.2　自旋交替规则

研究发现自旋交替规则可以有效地预测双自由基分子的基态，即在一个 π 共轭双自由基体系中，相邻原子中心将呈现交替的 α 与 β 自旋。根据此规则，Ali 等人对一系列 π 共轭双自由基分子研究表明，J 值的符号由通过桥连两自旋中心的耦合单元所构成的自旋耦合路径其化学键数决定。当通过耦合单元的化学键数为奇数时，分子表现为 AFM 耦合，而化学键数为偶数时则表现为 FM 耦合。所以对于六元芳香环耦合单元，比如对亚苯基、对吡啶以及对吡嗪则支持 AFM 耦合，而间亚苯基、间吡啶以及间吡嗪却支持 FM 耦合。如图 2-4 所示，1a 中通过耦合单元对吡嗪的两条自旋耦合路径化学键数均为奇数，故其 J 值为负表现为 AFM 耦合；而通过耦合单元间吡嗪的两条自旋耦合路径化学键数均为偶数，故 2a 的 J 值为正表现为 FM 耦合。至于 1b 与 2b，结合二者的自旋交替图以及自旋密度分布图，发现它们的耦合单元中两个氢化的氮原子可分别提供两个 π 电子，相当于一个化学键，因此 1b 与 2b 两条自旋耦合路径的化学键数分别为偶数和奇数，对应 FM 耦合和 AFM 耦合。自然地，自旋交替规则也可以预测双自由基分子 1a′、2a′、1b′和 2b′的磁性行为，并分别与 1a、2a、1b 和 2b 的自旋交替图一致。如图 2-5 所示，四对双自由基其基态相应的密立根原子自旋密度分布表明，运用自旋交替规则解释分子磁性行为是合理的，即通过耦合路径的相邻原子中心呈现交替的 α 与 β 自旋。总之，由自旋交替规则预测的所有双自由基其磁性行为与它们相应的自旋密度分布图以及磁耦合常数符号完全吻合。

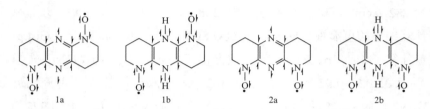

图 2-4　双自由基 1a、1b、2a 和 2b 的自旋交替图

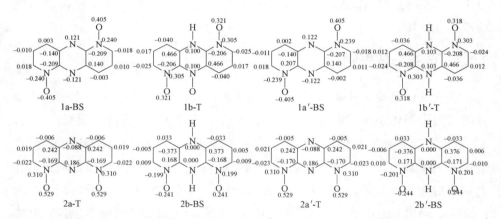

图 2-5　开壳层单重态与三重态的密立根原子自旋密度分布

2.3.3　SOMO 效应

此外，还进一步利用 SOMO 效应预测四对双自由基分子的基态以及磁性行为。Borden 等人指出，当一个双自由基的两条单占据分子轨道出现相交"nondisjoint"现象时，表现为 T 基态即 FM 耦合，而当双自由基的 SOMOs 出现不相交"disjoint"现象时，则表现为 BS 基态即 AFM 耦合。另外，研究

表明 SOMOs 的形状还影响分子的单-三重态（S-T）能量差。当 SOMOs 出现
"disjoint" 特征时，两电子占据的原子轨道重叠区域较小，故两电子之间排斥
作用相对较弱导致几乎简并的基态，自然 S-T 能量差较小；而当 SOMOs 出现
"nondisjoint" 特征时，原子轨道中两电子之间有强烈的排斥作用，两电子自
旋平行取向更有利，故分子呈现 T 基态并对应较大的 S-T 能量差。如图 2-3
所示，我们发现 1a、1a′、2b 和 2b′，其 SOMOs 均呈现 "disjoint" 特征，表
现为 BS 基态，且对应较小的 S-T 能量差；而它们各自的还原产物 1b、1b′、
2a 和 2a′，其 SOMOs 呈现明显的 "nondisjoint" 特征，表现为 T 基态并对应
较大的 S-T 能量差，以上所有预测结果与表 2-1 和 2-3 给出的 J 值和相应 S-T
能量差值吻合性较好。

2.3.4 SOMO-SOMO 能级分裂

Hoffmann 等人研究发现分子高自旋态连续 SOMOs 的能量差（ΔE_{SS}）小
于 1.5 eV 时，为了减小静电排斥两非键电子将占据不同的简并轨道，故两电
子趋向于自旋平行取向呈现 T 基态即 FM 耦合。此外，基于对一系列线性和
角状多掺杂并苯分子的计算，Constantinides 等人指出当 ΔE_{SS} 大于 1.3 eV 时，
分子明显表现为 BS 基态即 AFM 耦合。对于不同的间亚苯基双自由基体系，
Zhang 等人认为决定它们基态的 ΔE_{SS} 临界值不同。经计算发现分子 1a 与 2b
的 ΔE_{SS} 值相对较大，分别对应 1.39 eV 与 1.06 eV（表 2-5），故表现为 BS 基
态即 AFM 耦合。特别地，1a 的 ΔE_{SS} 值大于 1.3 eV，根据上面结论可以明确
证实其为 BS 基态。而对于 1b 与 2a，它们的 ΔE_{SS} 值相对较小分别为 0.67 和
0.65 eV，表现为 T 基态即 FM 耦合，与文献报道基本吻合。此外，我们还注
意到两对双自由基其 S-T 能量差与 SOMO-SOMO 能量差之间有密切的关系，
即 BS 基态分子 1a 与 2b 具有较大 ΔE_{SS} 值，其 ΔE_{ST} 值较小或者为负，而 T 基
态分子 1b 与 2a 其 ΔE_{SS} 值较小，对应 ΔE_{ST} 值则较大且为正值（表 2-5），与
SOMO 效应中的描述相一致。图 2-6 给出二者之间的线性关系。另外，还发
现 1a′、1b′、2a′和 2b′其 ΔE_{SS} 与 ΔE_{ST} 之间的关系类似于相应的立体异构体，
如表 2-5 所示。

表 2-5 四对双自由基其三重态两单占据分子轨道（SOMOs）能量（a.u.），两单占据分子轨道 SOMO-SOMO 能量差（ΔE_{SS}，eV）以及单-三重态能量差（ΔE_{ST}，kcal/mol）

双自由基分子	^1E_S/a.u.	^2E_S/a.u.	ΔE_{SS}/eV	ΔE_{ST}
1a	$-0.237\ 99$	$-0.186\ 94$	1.39	-12.15
1b	$-0.176\ 81$	$-0.152\ 13$	0.67	3.68
2a	$-0.222\ 87$	$-0.199\ 01$	0.65	1.37
2b	$-0.192\ 15$	$-0.153\ 17$	1.06	-9.59
1a′	$-0.238\ 11$	$-0.153\ 17$	1.39	-12.17
1b′	$-0.176\ 44$	$-0.151\ 48$	0.68	3.77
2a′	$-0.222\ 93$	$-0.199\ 07$	0.65	1.38
2b′	$-0.192\ 84$	$-0.159\ 03$	0.92	-9.04

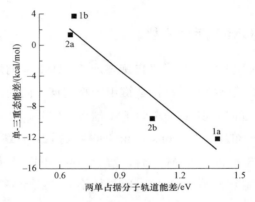

图 2-6 双自由基 1a、1b、2a 和 2b 其三重态 SOMO-SOMO 能量差（ΔE_{SS}）与 S-T 能量差（ΔE_{ST}）之间的线性关系

2.3.5 磁性转换可能的应用

结合以上分析，我们理解了四对双自由基分子 1a↔1b，2a↔2b，1a′↔1b′，2a′↔2b′磁性转换的基本原理，至于它们在器件设计方面的应用还需要进行更深入的探究。磁性分子材料中磁性行为的转换至关重要，与磁性数据存储密切相关。对于一个双自由基分子，其单-三重态能量差等于 $2J$，即 $E(S=0)-E(S=1)=2J$，其中 $E(S=0)$ 和 $E(S=1)$ 分别表示闭壳层单重态（自旋多重度 $S=0$）能量和三重态（自旋多重度 $S=1$）能量。研究发现当两自由基基团与耦合单元之间具有较好的平面性时，该双自由基其 $2J$ 值较大，可以在溶液或者固态中存在。本工作中，四对双自由基分子其自由基基团与耦合单

元之间平面性均较好，故它们的 2*J* 值都相对较大，因此人们可以充分利用这些分子在溶液模型中设计磁性开关，其中高自旋态（即三重态）分子 1b，1b′，2a 和 2a′以"ON"状态存储磁信息，经过脱氢氧化反应后，相应的低自旋态（即开壳层单重态）分子 1a、1a′、2b 和 2b′以"OFF"状态存储磁信息，这样磁信息就可以被处理并传输。上面由氧化还原方法调控的磁性开关，分子的磁性行为可通过调节介质实现，并不需要克服两分子之间的能垒，其操作原理完全不同于传统磁性开关。比如由光或者温度调控的磁性开关需要越过两不同分子之间的能垒，才可以实现磁性行为的转换。希望本工作研究的这两对双自由基能为有机磁性分子开关的设计提供一些新思路并在将来找到更广泛的实际应用。

2.4　小　结

本工作主要设计了两对有机双自由基磁性分子，通过氧化还原方法实现铁磁性与反铁磁性之间的转换。研究发现：① 氧化或还原前后两对双自由基其耦合常数的大小和符号均发生明显变化；② π 共轭结构的自旋离域、分子非凯库勒结构的自旋极化、耦合单元的芳香性以及分子的构象在控制磁耦合相互作用方面非常关键；③ 自旋交替规则、SOMO 效应和三重态 SOMO-SOMO 能量差可以有效地预测双自由基分子的基态以及磁性行为。简而言之，本工作设计的两对有机双自由基分子磁耦合相互作用较强，并可以通过氧化还原法实现磁性调控，为磁性分子开关的设计提供了新的理论指导。当然，对于两对双自由基分子其特殊的氧化还原过程以及磁性转换更详细的机理仍需做更大努力去探索。

第 3 章
对苯醌基和吡嗪基桥连硝基氧双自由基：
氧化还原诱导磁性转换

3.1 引 言

近年来，有机双自由基是材料科学的研究热点。如前所述，一种常见的有机双自由基是由两个单自由基作为自旋中心通过耦合单元桥连而成，该类双自由基在实验和理论上得到广泛研究。自旋态或磁性可以转换的有机双自由基在自旋学、分子电学、数据存储器件等方面有着广泛的应用。在有机双自由基体系中磁性转换现象可以通过多种方法实现，包括扭转效应、化学掺杂、质子诱导、温度诱导、氧化还原诱导，以及光诱导光致变色体等。其中，氧化还原诱导的磁性转换在磁性材料领域具有广阔的应用前景。Ali 等人证明氧化还原反应可以有效调控双自由基的铁磁性或反铁磁性，其中间苯二酚作为氧化还原活性耦合单元桥连于两个构象限制的硝基氧自由基基团上。宋枚育等人分别探究了核修饰卟啉桥连四联氮基双自由基、氮氧双自由基和氨基氧双自由基的磁耦合特征，发现通过对耦合单元双电子氧化还原，双自由基的磁耦合常数 J 的大小和符号均可以发生改变。由此可以看出，对于有机双自由基来说，通过氧化还原诱导调控磁性的关键是找到具有氧化还原活性的耦合单元。

受上述研究启发，本工作选择具有氧化还原活性的对苯醌、1,4-萘醌、9,10-蒽醌、并四苯-5,12-二酮、并五苯-6,13-二酮和并六苯-6,15-二酮作为耦合单元，

以相对稳定的硝基氧自由基（简写为 NO·）为自旋中心，构建了六个双自由基，分别记为 1a、2a、3a、4a、5a 和 6a。经过二氢化（2e-2H⁺）还原过程后，1a、2a、3a、4a、5a 和 6a 变为 1b、2b、3b、4b、5b 和 6b。此外，还选择具有氧化还原活性的吡嗪、苯并吡嗪、吩嗪、5,12-二氮杂并四苯、6,13-二氮杂并五苯和 6,15-二氮杂并六苯作为耦合单元，以 NO 自由基为自旋中心，构建了另外六个双自由基，分别记为 1c、2c、3c、4c、5c 和 6c。经过二氢化还原过程后，1c、2c、3c、4c、5c 和 6c 变为 1d、2d、3d、4d、5d 和 6d。以上十二对双自由基结构示意图如图 3-1 所示。计算结果表明，十二对双自由基（1a↔1b，2a↔2b，3a↔3b，4a↔4b，5a↔5b，6a↔6b，1c↔1d，2c↔2d，3c↔3d，4c↔4d，5c↔5d 和 6c↔6d）中每对双自由基在氧化或还原前后可发生铁磁性与反铁磁性之间的转换。每对双自由基磁性行为与磁性大小的差异归因于氧化或还原前后不同的自旋磁耦合路径。特别是，耦合单元的性质和耦合路径的长度是决定这些双自由基磁性大小的关键因素。具体而言，耦合单元的 HOMO-LUMO 能差越小，耦合单元的长度越短，连接耦合单元和自旋中心的键长（简称连接键）越短，双自由基磁耦合作用越强。此外，双自由基拥有良好 π 共轭结构时，有利于自旋输运，可以有效地促进磁耦合作用，从而获得较大|J|值。也就是说，双自由基自旋极化较大时，相应的磁耦合作用更强。每对双自由基的磁性转换现象以及相应的基态性质可以用自旋交替规则、SOMO 效应、三重态 SOMO-SOMO 能量差解释。本工作为磁性可转换双自由基的合理设计提供了新见解，并为其进一步的应用提供了非常有用的理论基础。

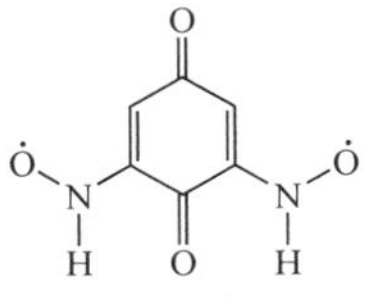

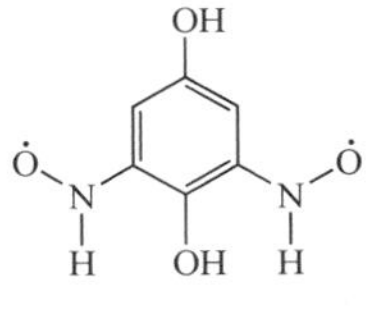

图 3-1　二氢化前后硝基氧双自由基示意图

其中耦合单元分别为对苯醌、1,4-萘醌、9,10-蒽醌、并四苯-5,12-二酮、并五苯-6,13-二酮、并六苯-6,15-二酮、吡嗪、苯并吡嗪、吩嗪、5,12-二氮杂并四苯、6,13-二氮杂并五苯和 6,15-二氮杂并六苯及其相应的二氢化对应物，分别记为 1a、1b、2a、2b、3a、3b、4a、4b、5a、5b、6a、6b、1c、1d、2c、2d、3c、3d、4c、4d、5c、5d、6c 和 6d。

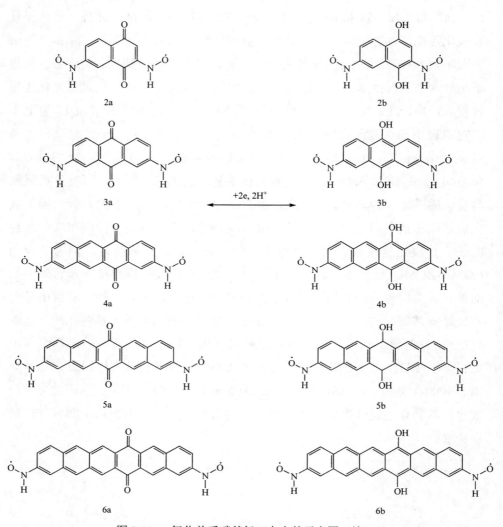

图 3-1　二氢化前后硝基氧双自由基示意图（续）

其中耦合单元分别为对苯醌、1,4-萘醌、9,10-蒽醌、并四苯-5,12-二酮、并五苯-6,13-二酮、并
六苯-6,15-二酮、吡嗪、苯并吡嗪、吩嗪、5,12-二氮杂并四苯、6,13-二氮杂并五苯和
6,15-二氮杂并六苯及其相应的二氢化对应物，分别记为 1a、1b、2a、2b、3a、3b、
4a、4b、5a、5b、6a、6b、1c、1d、2c、2d、3c、3d、4c、4d、5c、5d、6c 和 6d。

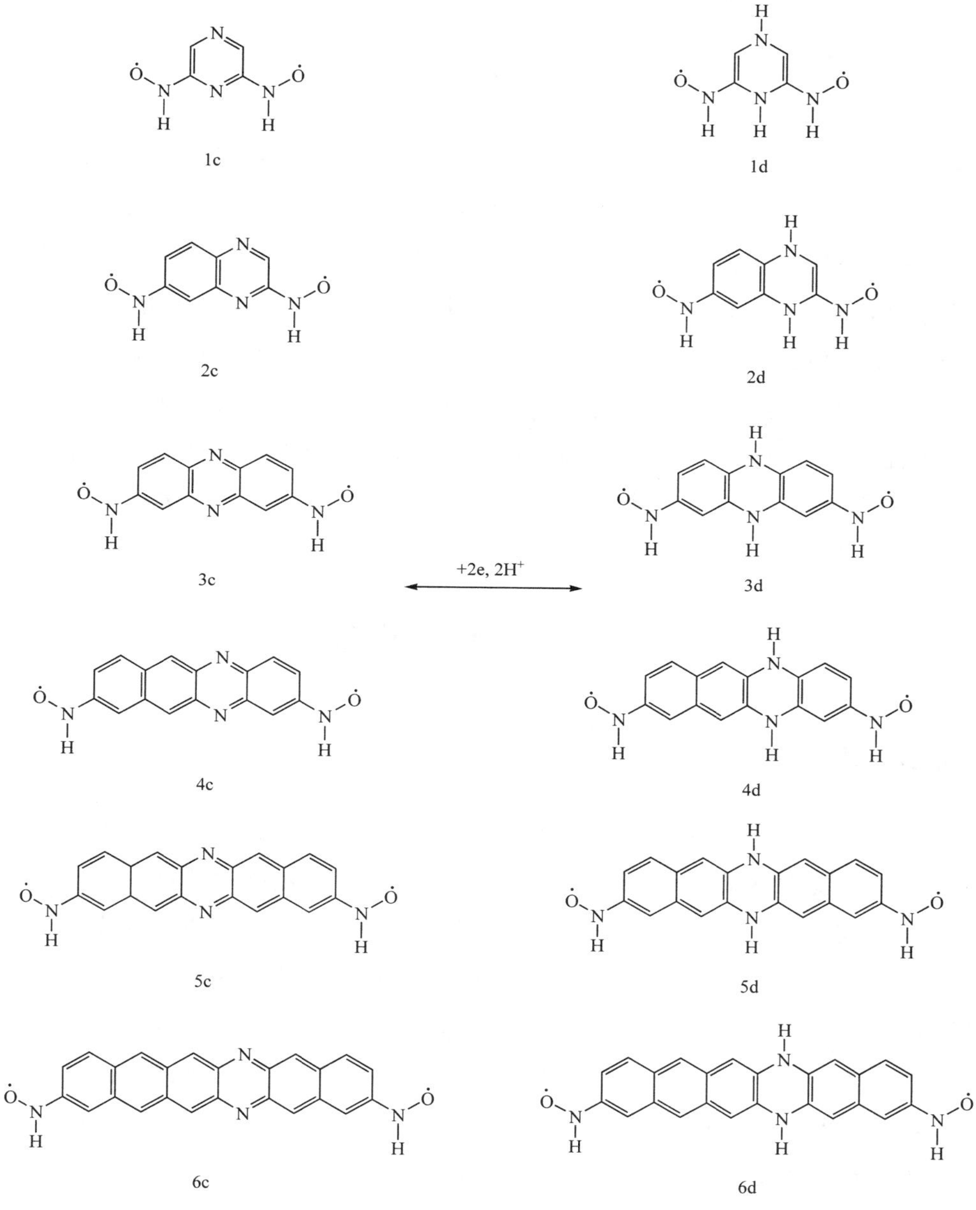

1c

1d

2c

2d

+2e, 2H⁺

3c

3d

4c

4d

5c

5d

6c

6d

图 3-1 二氢化前后硝基氧双自由基示意图（续）

其中耦合单元分别为对苯醌、1,4-萘醌、9,10-蒽醌、并四苯-5,12-二酮、并五苯-6,13-二酮、并
六苯-6,15-二酮、吡嗪、苯并吡嗪、吩嗪、5,12-二氮杂并四苯、6,13-二氮杂并五苯和
6,15-二氮杂并六苯及其相应的二氢化对应物，分别记为 1a、1b、2a、2b、3a、3b、
4a、4b、5a、5b、6a、6b、1c、1d、2c、2d、3c、3d、4c、4d、5c、5d、6c 和 6d。

3.2　计算细节

　　所有双自由基分子的几何构型优化，频率分析以及能量计算包括闭壳层单重态（CS）、对称性破损开壳层单重态（BS）和三重态（T）均在（U）B3LYP/6-311＋＋G(d,p)水平下进行。在 BS 态的计算中，为了得到合适的 BS 波函数，使用了"guess＝mix"关键词。此外，还采用一种较现代的密度泛函方法 M06-2X，在 6-311＋＋G(d,p)基组水平下对上述计算结果进行验证。磁交换耦合常数表达式仍为 $J=(E_{BS}-E_T)/(<S^2>_T-<S^2>_{BS})$，其中 E_{BS} 和 E_T 指 BS 和 T 态能量，而 $<S^2>_{BS}$ 和 $<S^2>_T$ 分别指两自旋态的自旋污染。Ginsberg 给出计算纯单重态与三重态能量差表达式，写为 $\Delta E_{ST}=<S^2>_T \cdot J$。以上所有密度泛函理论计算均利用高斯 09 程序完成。

3.3　结果与讨论

3.3.1　磁性特征和几何参数

　　在纯有机双自由基体系中，氧化还原诱导的磁性转换非常引人注目。本工作通过氧化还原诱导详细讨论了十二对双自由基的磁性转换。在（U）B3LYP/6-311＋＋G(d,p)水平下，所有双自由基分子 CS、BS 及 T 态能量，$<S^2>$ 值，S-T 能量差 ΔE_{ST}，以及相应的磁交换耦合常数 J 值汇总在表 3-1。以上计算结果在（U）M06-2X/6-311＋＋G(d,p)水平下进行了验证，列于表 3-2。结果表明，采用 B3LYP 泛函和 M06-2X 泛函计算得到的 J 值比较准确，十二对双自由基通过氧化还原法均发生了磁性转换。与 M06-2X 泛函相比，B3LYP 泛函所得|J|值偏高。以下讨论中，所有数据都来自 B3LYP 泛函。由图 3-2 可知，双自由基 1a、2a、3a、4a、5a 和 6a 均表现为 AFM 耦合，经过二氢化还原过程后，1b、2b、3b、4b、5b 和 6b 均表现为 FM 耦合。类似地，双自由基 1c、2c、3c、4c、5c 和 6c 均表现为 FM 耦合，经过二氢化还原过程后，1d、2d、3d、4d、5d 和 6d 均表现为 AFM 耦合。此外，我们注意到，随着两自旋

中心之间耦合路径的延长，AFM 耦合双自由基其 |J| 值逐渐减小，而 FM 耦
合双自由基其 J 值先减小后增大。具体而言，AFM 耦合双自由基其 |J| 值大
小为 1a＞2a＞3a＞4a＞5a＞6a 和 1d＞2d＞3d＞4d＞5d＞6d。FM 耦合双自由
基其 J 值大小为 1b＞2b＞3b＜4b＜5b＜6b 和 1c＞2c＞3c＜4c＜5c＜6c。耦
合单元的结构和电子特性以及双自由基的几何参数影响两自旋中心之间的
磁耦合。

表 3-1　（U）B3LYP/6-311＋＋G(d,p)水平下，十二对双自由基其 CS、BS 和
T 态能量（a.u.），$<S^2>$ 值，J 值（cm^{-1}）以及单-三重态能量差（ΔE_{ST}，kcal/mol）

双自由基分子	$E_{(CS)}$	$E_{(BS)}$ $(<S^2>)$	$E_{(T)}$ $(<S^2>)$	J	ΔE_{ST}
1a	−641.438 026 3	−641.463 422 3(1.034)	−641.463 064 8(2.082)	−74.8	−0.44
1b	−642.647 353 0	−642.686 723 8(1.005)	−642.689 317 2(2.036)	551.6	3.21
2a	−795.124 835 0	−795.156 029 8(1.035)	−795.155 735 3(2.054)	−63.4	−0.37
2b	−796.330 322 5	−796.370 052 9(1.014)	−796.372 023 9(2.050)	417.2	2.44
3a	−948.808 409 8	−948.845 238 2(1.026)	−948.845 064 1(2.034)	−37.9	−0.22
3b	−950.000 906 4	−950.040 007 7(1.022)	−950.041 989 4(2.087)	408.0	2.43
4a	−1 102.483 807 8	−1 102.523 424 3(1.031)	−1 102.523 312 9(2.036)	−24.3	−0.14
4b	−1 103.671 963 9	−1 103.711 832 3(1.038)	−1 103.714 202 4(2.157)	464.5	2.86
5a	−1 256.159 370 4	−1 256.201 244 5(1.036)	−1 256.201 176 1(2.038)	−15.0	−0.09
5b	−1 257.341 637 8	−1 257.380 797 7(1.055)	−1 257.384 081 7(2.304)	576.6	3.79
6a	−1 409.831 464 8	−1 409.874 072 5(1.050)	−1 409.874 021 2(2.051)	−11.2	−0.07
6b	−1 411.005 418 5	−1 411.049 457 8(1.146)	−1 411.054 088 5(2.517)	740.7	5.33
1c	−524.232 089 1	−524.284 849 9(1.009)	−524.287 753 1(2.033)	621.7	3.61
1d	−525.460 239 2	−525.465 150 2(0.768)	−525.457 821 2(2.036)	−1 267.5	−7.37
2c	−677.922 491 9	−677.965 304 0(1.014)	−677.967 089 4(2.042)	380.9	2.22
2d	−679.139 214 8	−679.153 183 2(0.974)	−679.150 339 3(2.032)	−589.4	−3.43
3c	−831.598 680 0	−831.637 595 4(1.023)	−831.639 215 4(2.069)	339.6	2.01
3d	−832.827 104 6	−832.850 036 6(1.015)	−832.848 639 3(2.028)	−302.5	−1.75
4c	−985.270 305 6	−985.308 168 1(1.036)	−985.310 070 1(2.125)	383.0	2.32
4d	−985.501 787 8	−986.531 421 7(1.027)	−986.530 579 3(2.029)	−184.4	−1.07
5c	−1 138.940 687 2	−1 138.977 085 5(1.059)	−1 138.979 625 7(2.236)	473.3	3.02
5d	−1 140.177 483 5	−1 140.212 590 6(1.033)	−1 140.212 142 3(2.031)	−98.5	−0.57
6c	−1 292.609 785 7	−1 292.645 388 5(1.096)	−1 292.649 180 6(2.434)	621.6	4.32
6d	−1 293.849 143 6	−1 293.886 731 6(1.045)	−1 293.886 430 5(2.039)	−66.4	−0.39

有机双自由基磁性分子理论设计及磁性调控研究

表 3-2　M06-2X/6-311＋＋G(d,p)水平下，十二对双自由基分子对称性破损开壳层单重总能量（E_{BS}）和三重态能量（E_T），单位 a.u.，其 BS 和 T 态能量（a.u.），$<S^2>$值，以及分子内磁交换耦合常数（J, cm^{-1}）

双自由基分子	$E_{(BS)}$（$<S^2>$）	$E_{(T)}$（$<S^2>$）	J
1a	− 641.204 404 9(1.065)	− 641.204 355 4(2.089)	− 10.6
1b	− 642.432 910 8(1.010)	− 642.434 884 3(2.034)	422.6
2a	− 794.839 361 4(1.048)	− 794.839 323 3(2.057)	− 8.5
2b	− 796.055 529 1(1.019)	− 796.056 946 7(2.046)	302.7
3a	− 948.471 014 1(1.030)	− 948.470 992 5(2.034)	− 4.7
3b	− 949.663 915 7(1.026)	− 949.665 235 3(2.073)	276.4
4a	− 1 102.088 248 3(1.032)	− 1 102.088 231 0(2.034)	− 3.8
4b	− 1 103.273 418 5(1.039)	− 1 103.274 859 5(2.123)	291.5
5a	− 1 255.705 098 9(1.034)	− 1 255.705 088 2(2.035)	− 2.3
5b	− 1 256.879 581 7(1.052)	− 1 256.881 542 9(2.246)	360.2
6a	− 1 409.316 067 8(1.042)	− 1 409.316 060 2(2.043)	− 1.7
6b	− 1 410.485 305 2(1.090)	− 1 410.488 300 8(2.483)	471.6
1c	− 524.073 908 9(1.012)	− 525.240 611 6(2.034)	515.3
1d	− 525.244 150 7(0.994)	− 525.240 611 4(2.039)	− 742.7
2c	− 677.692 811 9(1.018)	− 677.694 115 7(2.039)	280.0
2d	− 678.874 872 5(1.033)	− 678.873 693 4(2.034)	− 258.3
3c	− 831.301 963 5(1.027)	− 831.303 065 9(2.060)	234.0
3d	− 832.512 149 7(1.033)	− 832.511 684 9(2.029)	− 102.3
4c	− 984.910 160 6(1.039)	− 984.911 311 1(2.097)	238.5
4d	− 986.132 890 9(1.033)	− 986.132 599 6(2.029)	− 64.1
5c	− 1 138.515 968 6(1.056)	− 1 138.517 411 9(2.176)	282.6
5d	− 1 139.753 537 6(1.033)	− 1 139.753 371 6(2.030)	− 36.5
6c	− 1 292.121 204 9(1.080)	− 1 292.123 355 9(2.352)	370.8
6d	− 1 293.365 953 1(1.040)	− 1 293.365 822 8(2.036)	− 28.7

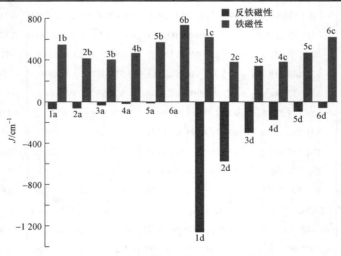

图 3-2　双自由基的磁耦合常数柱状图

在柱状图中 J 值为正表示反磁性双自由基，J 值为负表示铁磁性双自由基。

对于一个 π-共轭双自由基，两自旋中心之间的磁交换耦合主要通过键来
实现。最短的耦合路径可粗略表示为两自旋中心之间相邻原子的键长之和。
所研究的十二对双自由基都是 π-共轭的，其最短耦合路径的两自旋中心之间
相邻原子的键长如图 3-3 所示。对于 1a、2a、3a、4a、5a 和 6a，随着耦合单
元苯环上两个碳碳键的增加，两自旋中心之间最短的耦合路径逐渐变长，不
利于自旋耦合，相应双自由基的磁耦合作用逐渐减弱。1d、2d、3d、4d、5d
和 6d 呈现相似的情形。这与双自由基耦合单元长度越短，相应磁耦合作用越
强观点一致。而对于 1b、2b、3b、4b、5b 和 6b，耦合单元长度和耦合单元的
HOMO-LUMO 能差是决定磁耦合作用的关键因素。与 1b（$J = 551.6$ cm^{-1}）相
比，2b（$J = 417.2$ cm^{-1}）和 3b（$J = 408.0$ cm^{-1}）较长的耦合单元削弱了磁耦合
作用。与 3b 相比，4b、5b 和 6b 耦合单元的 HOMO-LUMO 能差依次变小，
相应磁耦合作用逐渐增强。1c、2c、3c、4c、5c 和 6c 呈现相似的情形。与 2c
和 3c 相比，1c 较短的耦合单元促进了磁耦合作用。3b、4b、5b 和 6b 耦合单
元的 HOMO-LUMO 能差逐渐变小，相应磁耦合作用依次增强，并与以下观点
相吻合：耦合单元较小的 HOMO-LUMO 能差可以有效促进双自由基的磁耦合
作用。1b、2b、3b、4b、5b、6b、1c、2c、3c、4c、5c 和 6c 耦合单元其 HOMO、
LUMO 能级以及 HOMO-LUMO 能差汇总在表 3-3 中。

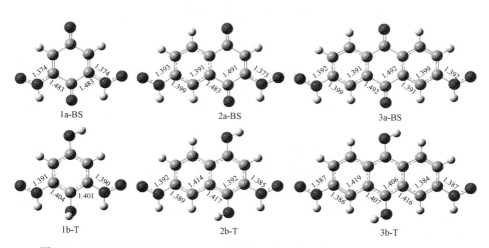

图 3-3　(U)B3LYP/6-311++G(d，p)水平下，十二对双自由基其基态结构优化图

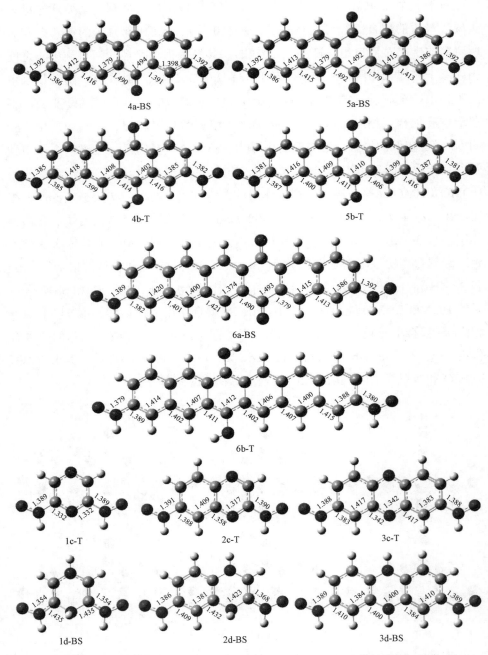

图 3-3 (U)B3LYP/6-311++G(d，p)水平下，十二对双自由基其基态结构优化图（续）

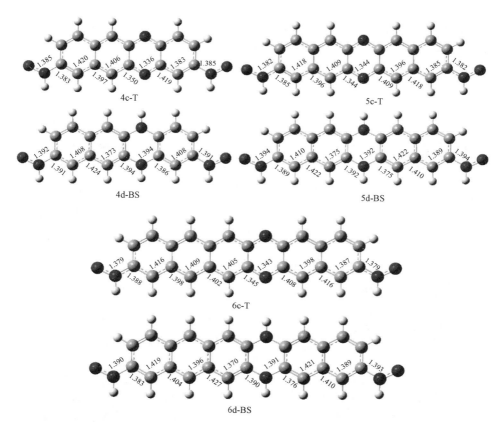

图 3-3　(U)B3LYP/6-311++G(d，p)水平下，十二对双自由基其基态结构优化图（续）

表 3-3　铁磁耦合双自由基 HOMO、LUMO 能级（a.u.）
以及 HOMO-LUMO 能差（ΔE_{ST}，eV）

双自由基分子	HOMO	LUMO	HOMO-LUMO 能差
1b	− 0.216 24	− 0.025 32	5.19
2b	− 0.203 64	− 0.049 93	4.18
3b	− 0.188 24	− 0.073 04	3.13
4b	− 0.179 81	− 0.089 07	2.47
5b	− 0.171 94	− 0.099 62	1.97
6b	− 0.166 91	− 0.107 85	1.61
1c	− 0.263 57	− 0.069 33	5.29
2c	− 0.259 00	− 0.086 38	4.70
3c	− 0.236 66	− 0.103 46	3.62
4c	− 0.213 93	− 0.113 66	2.73
5c	− 0.202 75	− 0.122 50	2.18
6c	− 0.191 79	− 0.127 98	1.74

此外，所研究双自由基的磁耦合强度与其结构参数密切相关。如图 3-3 所示，几何结构优化表明，双自由基 1a、2a、3a、4a、5a、6a、1c、2c、3c、4c、5c 和 6c 耦合单元与两 NO 基团共平面，相应的二氢化还原产物除 4d、5d 和 6d 外，1b、2b、3b、4b、5b、6b、1d、2d 和 3d 均不共平面，结构的扭曲可归因于氢原子之间的排斥。一般来说，平面性较好的双自由基磁耦合作用较强。其中 1c、2c、3c、4c、5c 和 6c 平面性较好，对应较大的磁耦合作用，而其他双自由基的磁耦合作用与平面性相关不大。研究表明在双自由基中，耦合单元和自旋中心之间较短的连接键长有利于产生较强的磁耦合作用。随着耦合单元的延伸，1a、2a 和 3a 的平均连接键长逐渐伸长，依次为 1.374 Å、1.383 Å 和 1.392 Å，相应的磁耦合作用依次减弱。1d、2d 和 3d 呈现相似的

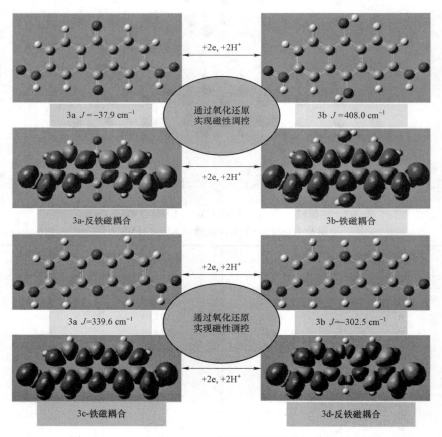

图 3-4　3a ↔ 3b 和 3c ↔ 3d 氧化还原调控磁性转换示意图

情形。相反，3b、4b、5b 和 6b 的平均连接键长随着耦合单元的延伸而逐渐缩短，依次为 1.387、1.384、1.381 和 1.379 Å，相应的磁耦合作用依次增强。3c、4c、5c 和 6c 呈现相似的情形。值得一提的是，在所有双自由基中 1d 最短的连接键长（1.354 Å）对应最强的磁耦合作用（−1 267.5 cm^{-1}）。图 3-4 给出 3a↔3b 和 3c↔3d 氧化还原调控磁性转换示意图。

3.3.2　自旋极化分析

　　为了进一步解释耦合单元的明显延伸而引起双自由基的磁性差异，我们分析了自旋极化，即由自旋中心离域到耦合单元的密立根自旋密度百分比。一般来说，具有较短耦合单元长度和良好 π 共轭结构的双自由基可以有效促进自旋极化，从而产生较大的 |J| 值。如表 3-4 所示，对于 AFM 耦合双自由基 1d、2d、3d、4d、5d 和 6d，随着耦合单元长度的增加，离域到耦合单元的平均自旋密度百分比逐渐减小，相应的磁相互作用依次减弱。具体而言，1d、2d、3d、4d、5d 和 6d 中有 37.0%、23.7%、17.8%、16.4%、15.3%和 15.1%自旋密度离域到耦合单元，相应 J 值分别为−1 267.5、−589.4、−302.5、−184.4、−98.5 和 −66.4 cm^{-1}。而对于 FM 耦合双自由基 3b、4b、5b 和 6b，随着耦合单元的延伸，离域到耦合单元的平均自旋密度百分比逐渐增加，相应的磁耦合作用逐渐增强。从表 3-4 可以看出，3b、4b、5b 和 6b 离域到耦合单元的平均自旋密度百分比依次为 17.6%、19.9%、21.6%和 22.5%，相应 J 值分别为 408.0、464.5、576.6 和 740.7 cm^{-1}。类似地，对于 FM 耦合双自由基 3c、4c、5c 和 6c，离域到耦合单元的平均自旋密度百分比依次为 16.9%、19.2%、21.3%、22.6%，相应 J 值分别为 339.6、383.0、473.3、621.6 cm^{-1}。对于 FM 耦合双自由基，两自旋中心之间较长的耦合路径引起较大的自旋极化，这是违反常识的。原因是随着耦合单元的延伸这些双自由基其 HOMO-LUMO 能差逐渐减小，有利于表现出双自由基性质，从而促进自旋极化。简而言之，我们可以得出结论，较大的自旋极化产生较强的磁相互作用，对应较大的 |J| 值。对于 3b、4b、5b 和 6b 以及 3c、4c、5c 和 6c，自旋中心离域百分比的增加相比于它们显著增加的 J 值并不明显。特别是，具有较强铁磁耦合的双自由基却对应较小的自旋极化，比如 1a 和 1b（表 3-4）。这些现象表明自旋极化是影响双自由基磁耦合作用的因素之一，但并不是决定性因素。不同寻常的是，从表

3-4 可以明显看出，3a、4a、5a 和 6a 中离域到耦合单元的平均自旋密度百分比基本没变，这与耦合单元中两羰基的存在有关。十二对双自由基密立根自旋密度分布如图 3-5 所示。

表 3-4　十二对双自由基分子离域到耦合单元的平均自旋密度百分比与
相应的磁耦合常数（J/cm^{-1}）

双自由基分子	离域到耦合单元的平均自旋密度/%	J/cm^{-1}	双自由基分子	离域到耦合单元的平均自旋密度/%	J/cm^{-1}
1a	25.7	−74.8	1b	13.8	551.6
2a	20.1	−63.4	2b	16.0	417.2
3a	15.1	−37.9	3b	17.6	408.0
4a	15.0	−24.3	4b	19.9	464.5
5a	14.9	−15.0	5b	21.6	576.6
6a	15.3	−11.2	6b	22.5	740.7
1c	13.6	621.7	1d	37.0	−1 267.5
2c	14.7	380.9	2d	23.7	−589.4
3c	16.9	339.6	3d	17.8	−302.5
4c	19.2	383.0	4d	16.4	−184.4
5c	21.3	473.3	5d	15.3	−98.5
6c	22.6	621.6	6d	15.1	−66.4

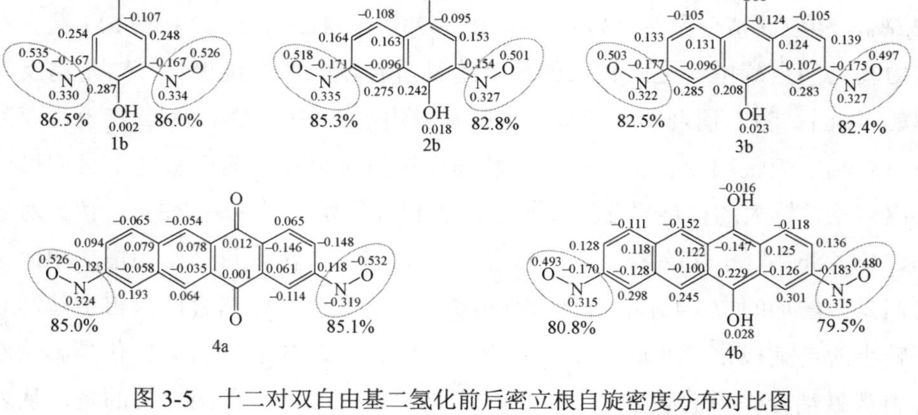

图 3-5　十二对双自由基二氢化前后密立根自旋密度分布对比图

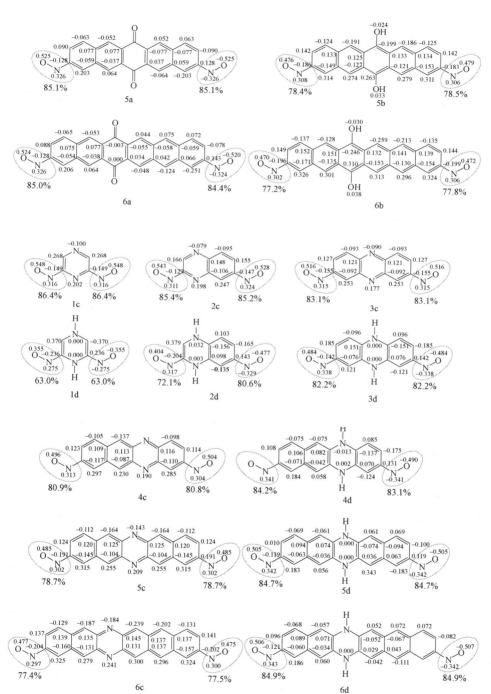

图 3-5 十二对双自由基二氢化前后密立根自旋密度分布对比图（续）

3.3.3 自旋磁耦合路径和自旋交替规则

从十二对双自由基基态的自旋密度分布图可以看出，每对双自由基的自旋耦合路径二氢化前后明显不同，这也是氧化还原诱导引起磁性转换的主要原因。对于 1a、2a、3a、4a、5a 和 6a，自旋中心到耦合单元的自旋极化由于两羰基的存在而受到阻碍。也就是说，1a、2a、3a、4a、5a 和 6a 的自旋相互作用路径不通过耦合单元中两个羰基。在这种情况下，我们以为两自旋中心之间没有磁相互作用。然而，计算结果表明，1a、2a、3a、4a、5a 和 6a 相应 J 值分别为 -74.8、-63.4、-37.9、-24.3、-15.0 和 -11.2 cm^{-1}。两自旋中心之间的超交换路径在这些双自由基的磁耦合中占主导地位。经过二氢化还原过程后，通过耦合单元的自旋传输畅通无阻，相应二氢化双自由基的磁耦合作用明显增强。特别是，经过二氢化还原过程后，双自由基磁性行为由 AFM 耦合转换为 FM 耦合。自旋交替规则表明，在一个 π 共轭双自由基中，相邻的原子中心倾向于呈现相反的自旋，换句话说，呈现交替的 α 和 β 自旋。根据这一自旋交替规则，Ali 和 Datta 证实 J 值的符号由通过耦合单元的自旋相互作用路径的化学键数决定。当通过耦合单元的化学键数为奇数时，双自由基表现为 AFM 耦合，而化学键数为偶数时则表现为 FM 耦合。如图 3-6 所示，经过二氢化还原过程后，1b、2b、3b、4b、5b 和 6b 相邻的原子中心呈现交替的 α 和 β 自旋，遵循自旋交替规则，通过耦合单元的化学键数为偶数，表现为 FM 耦合。而由于两羰基的自旋阻断，1a、2a、3a、4a、5a 和 6a 相邻的原子中心没有呈现出交替的 α 和 β 自旋，从而发生了磁性转换，表现为 AFM 耦合。对于 1c、2c、3c、4c、5c 和 6c，通过耦合单元的自旋传输畅通无阻，且通过耦合单元自旋相互作用路径的化学键数为偶数，表现为较强的 FM 耦合。经过二氢化还原过程后，1d、2d、3d、4d、5d 和 6d 通过耦合单元的自旋传输仍然畅通无阻，但从图 3-6 中可以看出耦合单元中每一个氮原子都可以提供两个 π 电子，相当于一个化学键，故通过耦合单元自旋相互作用路径的化学键数变为奇数，表现出相对较大的 AFM 耦合。由此可以得出结论，十二对双自由基磁性行为和磁性强度的差异主要取决于二氢化还原前后通过耦合单元明显不同的自旋相互作用路径。图 3-7 给出十二对双自由基的自旋交替图。

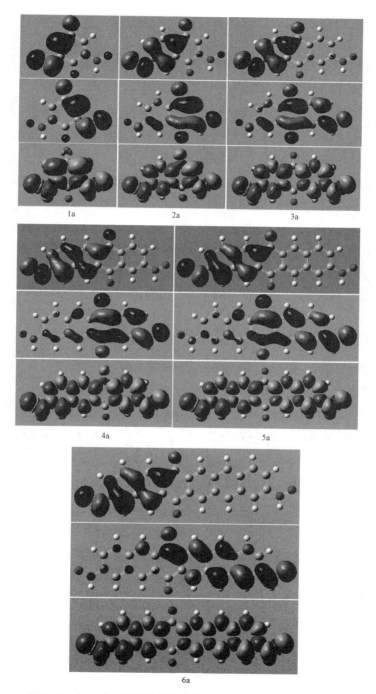

图 3-6　十二对双自由基的单占据轨道以及自旋密度分布图

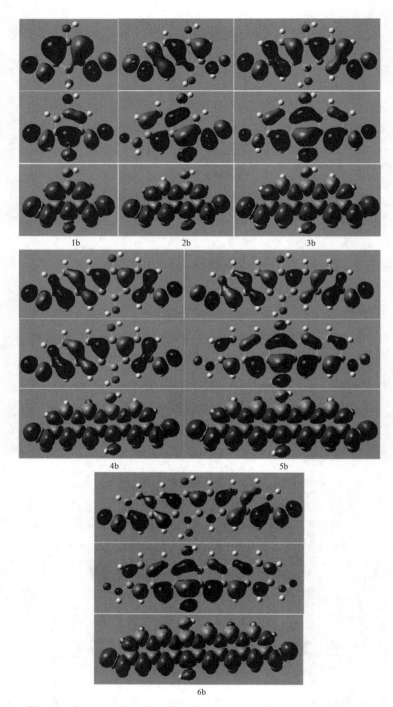

图 3-6　十二对双自由基的单占据轨道以及自旋密度分布图（续）

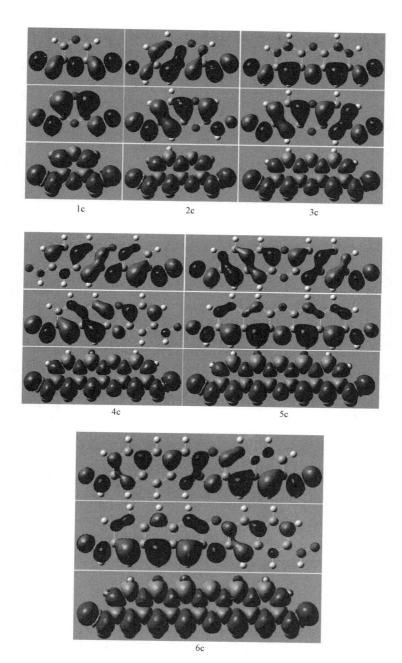

图 3-6　十二对双自由基的单占据轨道以及自旋密度分布图（续）

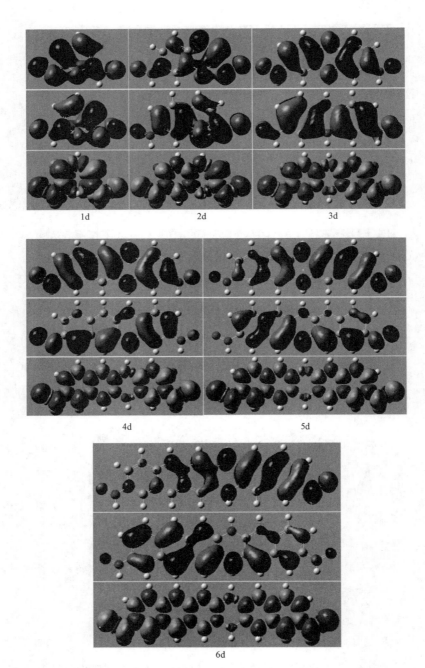

图 3-6　十二对双自由基的单占据轨道以及自旋密度分布图（续）

图 3-7　十二对双自由基的自旋交替图

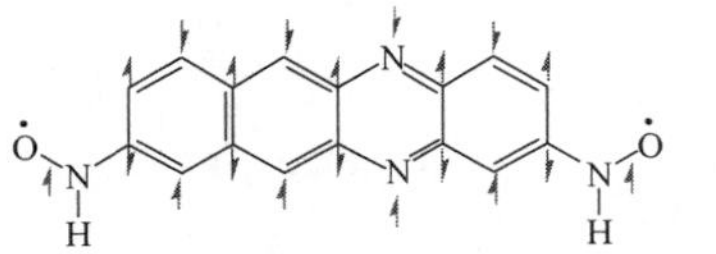

4c

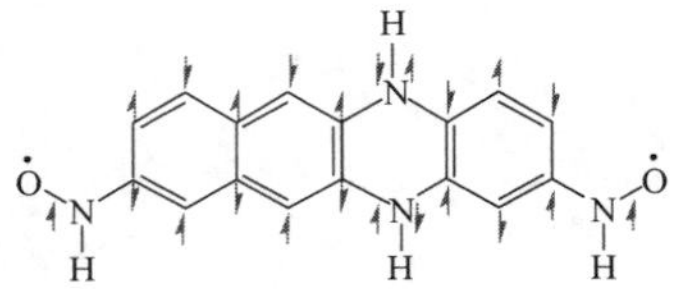

4d

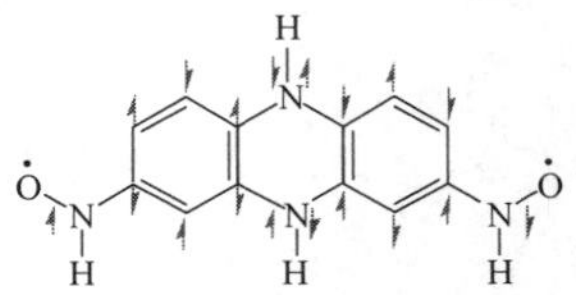

3d

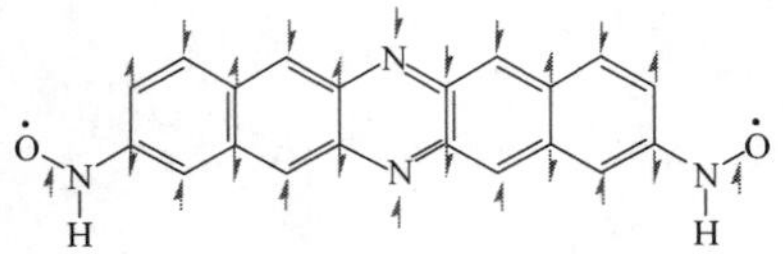

5c

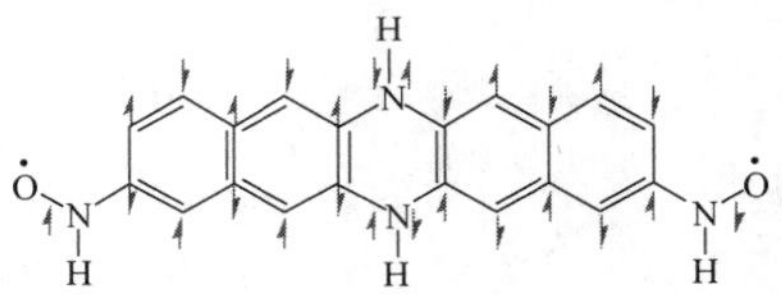

5d

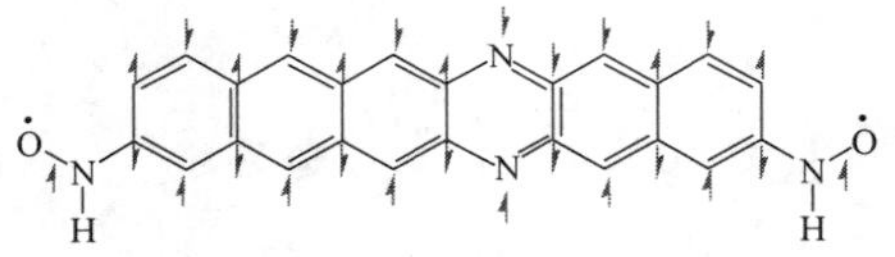

6c

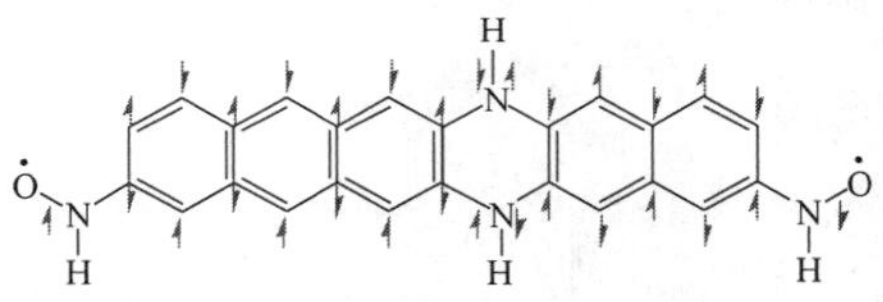

6d

图 3-7 十二对双自由基的自旋交替图（续）

3.3.4 SOMO 效应和 SOMO-SOMO 能级分裂

前面提到，当一个双自由基的两条单占据分子轨道（SOMOs）出现相交“nondisjoint”现象时，表现为 T 基态即 FM 耦合，而当双自由基的 SOMOs 出现不相交“disjoint”现象时，则表现为 BS 基态即 AFM 耦合。此外，SOMOs 的形状会影响双自由基的单-三重态（S-T）能量差。当 SOMOs 出现“disjoint”特征时，双自由基 S-T 能量差较小；而当 SOMOs 出现“nondisjoint” 特征时，双自由基 S-T 能量差较大。如图 3-6 所示，我们发现双自由基 1a、2a、3a、4a、5a、6a、1d、2d、3d、4d、5d 和 6d，其 SOMOs 均呈现“disjoint”特征，表现为 BS 基态，且对应较小的 S-T 能量差；而双自由基 1b、2b、3b、4b、5b、6b、1c、2c、3c、4c、5c 和 6c，其 SOMOs 大多呈现明显的“nondisjoint”特征，表现为 T 基态并对应较大的 S-T 能量差。

研究还表明，双自由基的 S-T 能量差（ΔE_{ST}）与其三重态两 SOMOs 的能量差（ΔE_{SS}）密切相关，较小的 ΔE_{SS} 一般对应较大的 ΔE_{ST}，两者之间存在线性关系。当双自由基其 ΔE_{SS} 较小时，两单电子为了减小静电排斥趋向于自旋平行取向呈现 T 基态即 FM 耦合；而当双自由基其 $\Delta E_{SS}>1.3$ eV 时，两单电子之间静电排斥作用较小，趋向于自旋反平行取向呈现 BS 基态即 AFM 耦合。本工作中，1a、2a、3a、4a、5a 和 6a 的 ΔE_{SS} 相对较小（0.13～0.52 eV），但表现为 AFM 耦合。引起该偏差的原因是在这些双自由基中存在两个羰基，抑制了自旋极化，导致电子之间的排斥作用比较强烈，对应较小的 ΔE_{SS}。如图 3-8（a）所示，1a、2a、3a、4a、5a 和 6a 的 ΔE_{SS} 和 ΔE_{ST} 之间存在线性相关性。二氢化后，1b、2b、3b、4b、5b 和 6b 的 ΔE_{SS} 较小，分别为 0.04、0.33、0.43、0.49、0.54 和 0.54 eV，自然地呈现 FM 耦合。1c、2c、3c、4c、5c 和 6c 的 ΔE_{SS} 较小（0.13～0.52 eV），相应地呈现 FM 耦合。二氢化后，1d、2d、3d、4d、5d 和 6d 的 ΔE_{SS} 较大（0.46～1.09 eV），呈现 AFM 耦合。特别是，1d、2d 和 3d 的 ΔE_{SS} 分别为 1.09、0.96 和 0.89 eV，接近 1.3 eV，呈现 BS 基态。值得一提的是，如图 3-8（b）所示，1c、2c、3c、4c、5c、6c、1d、2d、3d、4d、5d 和 6d，ΔE_{SS} 和 ΔE_{ST} 之间存在较好的线性关系。具有较小 ΔE_{SS} 的双自由基往往对应的 ΔE_{ST} 较大且为正值，而具有较大 ΔE_{SS} 的双自由基往往对应的 ΔE_{ST} 较小或为负值。表 3-5 列出所研究双自由基三重态两 SOMO 的能级，其中相应的 ΔE_{ST} 也列出以供对比。

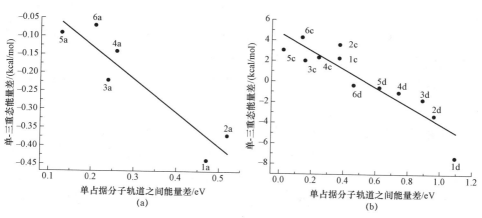

图 3-8　双自由基 ΔE_{SS} 和 ΔE_{ST} 之间的线性关系

表 3-5 铁磁耦合双自由基 HOMO、LUMO 能级（a.u.）以及 HOMO-LUMO 能差（eV）

双自由基分子	HOMO	LUMO	HOMO-LUMO 能差
1b	− 0.216 24	− 0.025 32	5.19
2b	− 0.203 64	− 0.049 93	4.18
3b	− 0.188 24	− 0.073 04	3.13
4b	− 0.179 81	− 0.089 07	2.47
5b	− 0.171 94	− 0.099 62	1.97
6b	− 0.166 91	− 0.107 85	1.61
1c	− 0.263 57	− 0.069 33	5.29
2c	− 0.259 00	− 0.086 38	4.70
3c	− 0.236 66	− 0.103 46	3.62
4c	− 0.213 93	− 0.113 66	2.73
5c	− 0.202 75	− 0.122 50	2.18
6c	− 0.191 79	− 0.127 98	1.74

3.4 小 结

本工作主要设计了十二对硝基氧双自由基，每一对都可以通过氧化还原诱导发生铁磁性与反铁磁性之间的转换。研究发现：① 随着耦合单元的延伸，1a、2a、3a、4a、5a 和 6a 的 AFM 耦合明显减弱，其中耦合单元中两个羰基的存在极大地阻碍了自旋极化，减弱了两自旋中心之间的相互作用，六个双自由基相应的 $|J|$ 值均比较小；② 经过二氢化还原过程后，随着耦合单元的延伸，1b、2b、3b、4b、5b 和 6b 的 FM 耦合先减小后增大，1b 和 2b 较短的耦合单元长度和连接键长，以及 3b、4b、5b 和 6b 较小的 HOMO-LUMO 能差和较大的自旋极化是相应磁耦合作用逐渐增强的关键；③ 六对双自由基二氢化前后磁性的转换归因于不同的自旋磁耦合路径，二氢化之前，由于两羰基的存在，通过耦合单元的自旋传输被阻断，而二氢化之后，通过耦合单元的自旋传输畅通无阻，引起磁性转换；④ 类似地，随着耦合单元的延伸，1c、2c、3c、4c、5c 和 6c 的 FM 耦合先减小后增大，1c 和 2c 较短的耦合单元长度和连接键长，以及 3c、4c、5c 和 6c 较小的 HOMO-LUMO 能差和较大的自旋极化是相应磁耦合作用逐渐增强的关键；⑤ 经过二氢化还原过程后，随着耦合单元的延伸，1d、2d、3d、4d、5d 和 6d 的 AFM 耦合明显减弱，自旋极

化在控制磁耦合中起关键作用，相应的平均自旋密度离域到耦合单元的百分比依次减小；⑥ 六对双自由基二氢化前后磁性的转换是由于通过耦合单元自旋磁耦合路径的化学键数由偶数变为奇数。

　　十二对双自由基的基态以及磁性行为可以用自旋交替规则、SOMO 效应和三重态 SOMO-SOMO 能量差解释。十二对双自由基二氢化前后磁性的转换可用于设计磁性分子开关，其中高自旋态双自由基 1b、2b、3b、4b、5b、6b、1c、2c、3c、4c、5c 和 6c 以"OFF"状态储存磁信息，低自旋态双自由基 1a、2a、3a、4a、5a、6a、1d、2d、3d、4d、5d 和 6d 以"ON"状态储存磁信息。该工作为氧化还原诱导磁性转换双自由基的合理设计开辟了新视野，并为磁性分子开关找到了进一步的技术应用。

第 4 章
二氮杂二苯并蒽桥连硝基氧双自由基：
双氮掺杂效应

4.1 引 言

有机磁性材料可用于设计超导体、自旋电子学材料以及数据存储器件等，因此被广泛研究。双自由基是最基本的一种磁性分子，其中桥连两自旋中心的耦合单元在调控磁耦合作用方面起非常关键的作用。Datta 等人通过研究线性或角状多并苯桥连氮氧双自由基，表明在尺寸相同的情况下，角状多并苯桥连双自由基其磁性大小总是小于线性双自由基。此外，Misra 等人发现耦合单元的长度和芳香性可以影响多并苯桥连氮氧双自由基的磁性大小，并进一步证实耦合单元的 LUMO 对磁交换耦合起重要作用。另外，Lee 等人指出经过硼或氮修饰后，由有机自由基终止的锯齿形石墨烯纳米带其磁性大小甚至磁性行为均可以发生改变。近来，研究人员观察到由碳-碳键或硼-硼键修饰的卟啉桥连双自由基，其磁性大小的调控或磁性行为的转换可通过延伸卟啉环中心碳-碳键或双电子还原硼-硼单元实现。由此可见，双自由基中耦合单元的选择至关重要，尤其碳基或修饰碳基分子作为耦合单元的优越性更为显著。

多环芳香烃（PAH）在日常生活中无处不在。在众多多环芳香烃中，1975年 Fleming 和 Mah 首次报道了二苯并蒽（benzo[k]tetraphene，图 4-1）的合成。从那以后，二苯并蒽及其衍生物在碳基材料其几何构型的确定和电子特性方面应用很广而受到人们越来越多的关注。研究表明以二苯并蒽为连接体的二聚体具有良好的溶解性和成膜性，可进一步用于设计有机场效应晶体管。Liu 等人合成了一种类似物，发现由于二苯并蒽的存在该类似物展现出较高的稳定性。因此本工作择二苯并蒽作为双自由基分子其目标耦合单元的前驱体。氮掺杂是功能化多环芳香烃的一种有效措施，实验学家和理论学家报道了一系列氮杂多环芳香烃及其衍生物。相比于多环芳香烃，氮杂多环芳香烃及其衍生物其轨道特性包括 HOMO 和 LUMO 变化比较明显，可展现出更加优良的电子和光学特性。南阳理工大学张教授等人发现合成的四个六氮杂并五苯分子其 HOMO 能级低于并五苯与并六苯，在电子设备中展现出更好的稳定性。此外，Herz 等人指出双氮掺杂效应可引起三异丙基硅乙炔并五苯其HOMO-LUMO 跃迁发生红移，从而加快单线态裂变过程。鉴于此，本工作引入两氮原子修饰二苯并蒽，得到二氮杂二苯并蒽，并用它及其双电子氧化物作为耦合单元设计双自由基分子。如图 4-1 所示，双氮掺杂不仅可提高二苯并蒽的 LUMO 能级，而且更大程度地提高其 HOMO 能级，使 HOMO-LUMO 能差缩小，故二氮杂二苯并蒽的稳定性远低于二苯并蒽；经过双电子氧化后，二氮杂二苯并蒽的 HOMO 与 LUMO 能级均大大降低，但其 HOMO-LUMO 能差却增大，并接近于二苯并蒽。而研究已表明自由基桥或者具有较小HOMO-LUMO 能差的耦合单元可有效促进两自旋中心之间的磁耦合作用，换句话说，耦合单元稳定性越低越有利于磁耦合作用。

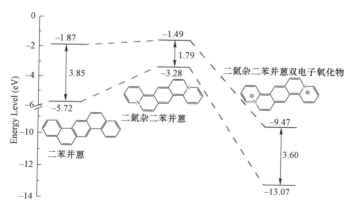

图 4-1　二苯并蒽、二氮杂二苯并蒽及其双电子氧化物相应的
HOMO 与 LUMO 能级以及 HOMO-LUMO 能差

结合以上分析，本工作选择二氮杂二苯并蒽及其双电子氧化物作为耦合单元与最简单且相对稳定的硝基氧自由基作为自旋中心构建了两个新颖的双自由基分子 1 和 1^{2+}，如图 4-2 所示，同时还讨论了 1 和 1^{2+} 其他三种双氮掺杂位置异构体（$2/2^{2+}$、$3/3^{2+}$ 和 $4/4^{2+}$），因为双氮掺杂位置的改变对磁性特征包括磁性大小和磁性行为有很大影响。我们发现 1、2、3 和 4 它们的磁性特征因不同的双氮掺杂位置而明显不同，1^{2+}、2^{2+}、3^{2+} 和 4^{2+} 也呈现类似的现象。特别是，我们还观察到双电子氧化还原反应可以诱导其中两对双自由基（$1 \leftrightarrow 1^{2+}$，$3 \leftrightarrow 3^{2+}$）实现磁性大小的调控，而另两对双自由基（$2 \leftrightarrow 2^{2+}$，$4 \leftrightarrow 4^{2+}$）则实现磁性行为（包括 FM、AFM 和 DM（diamagnetism，抗磁性））的转换。这些双自由基不同的磁性大小主要是因为两硝基氧自由基基团其 SOMOs 与耦合单元 HOMO 或 LUMO 的匹配程度有差别。当然，几何特征、自旋极化、耦合单元的芳香性及其 HOMO-LUMO 能差也可协助解释双自由基不同的磁性大小。另外，这些双自由基的磁性行为遵循自旋交替规则和 SOMO 效应。这项工作为二氮杂二苯并蒽桥连单分子双自由基的设计提供一些新思路和理论依据。

4.2　计算细节

所有双自由基分子的几何构型优化，频率分析以及能量计算包括闭壳层单重态（CS）、对称性破损开壳层单重态（BS）和三重态（T）均在 B3LYP/6-311＋＋G(d,p)水平下进行。为了证实以上某些计算结果的合理性，又在较大基组 6-311＋＋G(3df,2p)水平下进行了单点计算。此外，在 B3LYP/6-311＋＋G(d,p)水平下还计算了双自由基其耦合单元不同六元环其中心或中心一埃（1Å）处的核独立化学位移（NICS）值，以理解芳香性对磁耦合作用的影响。其中 NICS 为负值时说明分子具有芳香性，而 NICS 为正值时分子是反芳香性的。磁耦合常数表达式仍采用 $J = (E_{BS} - E_T)/(\langle S^2 \rangle_T - \langle S^2 \rangle_{BS})$，其中 E_{BS} 和 E_T 指 BS 和 T 态能量，而 $\langle S^2 \rangle_{BS}$ 和 $\langle S^2 \rangle_T$ 分别指两自旋态的自旋污染。以上所有密度泛函理论计算均利用高斯 09 程序完成。

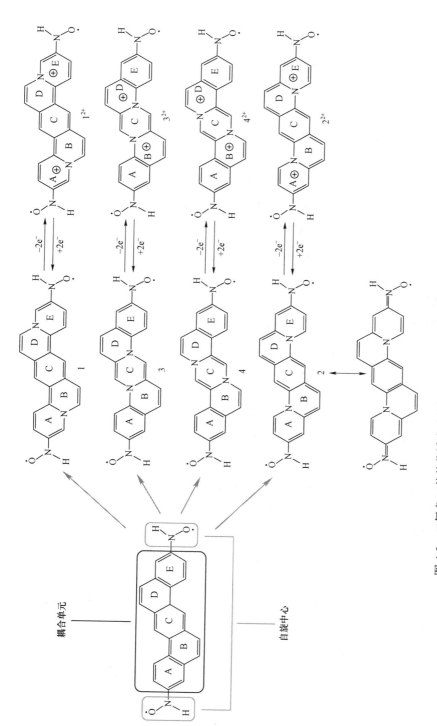

图 4-2　二氮杂二苯并蒽桥连硝基氧双自由基及其相应的双电子氧化物示意图

（1、2、3 和 4）二氮杂二苯并蒽桥连硝基氧双自由基；（1²⁺、2²⁺、3²⁺ 和 4²⁺）相应的双电子氧化物；二氮杂二苯并蒽通过双氮掺杂黑色方框内耦合单元二苯并蒽获得；双自由基其耦合单元不同六元环分别用 A、B、C、D 和 E 表示。

4.3 结果与讨论

近来几项研究工作表明双自由基其位置异构体之间的磁交换耦合常数明显不同。此外，我们还注意到在纯有机双自由基体系中，由氧化还原诱导法实现的磁性大小调控甚至磁性行为转换非常引人注目。因此，对于一个双自由基，耦合单元与自由基团的选择至关重要。本工作设计了四个双自由基（1、2、3 和 4）彼此之间为位置异构体（图 4-2），由二氮杂二苯并蒽桥连两硝基氧自由基而成，并探究它们的磁性特征。在 B3LYP/6-311++G（d，p）水平下，这些双自由基其详细数据包括 CS，BS 和 T 态能量，$<S^2>$值，BS-T 态能量差以及磁耦合常数 J 值列于表 4-1 和表 4-2。此外，较大基组水平下单点计算的 J 值也列于表 4-2，进一步证实 B3LYP 所得结果既可靠又准确。从表 4-2 中可以观察到随着两氮原子掺杂位置的改变，双自由基的磁性大小甚至磁性行为明显不同。与二苯并蒽桥连硝基氧双自由基（即母体双自由基）相比，双氮掺杂可引起耦合单元芳香性转换，而芳香性对双自由基的磁耦合作用有很大影响。此外，双氮掺杂可引起双自由基其耦合单元与自由基基团之间发生碳-碳键重排，从而直接控制两自旋中心之间的磁耦合作用。更有趣的是，如表 4-2 所示，进一步双电子氧化也可以有效调控双自由基的磁性大小即 AFM 耦合从 -919.9 cm^{-1}（1）变化到 -158.3 cm^{-1}（1^{2+}）或从 -105.1 cm^{-1}（3）变化到 -918.9 cm^{-1}（3^{2+}），甚至磁性行为发生转换由 DM（2）到 AFM（2^{2+}，-140.1 cm^{-1}）或由 FM（4，108.9 cm^{-1}）到 AFM（4^{2+}，-462.5 cm^{-1}）。很明显，两硝基氧基团其 SOMOs 与耦合单元的 HOMO（1）或与耦合单元的 LUMO（3^{2+}和 4^{2+}）较好的匹配性可促进两自旋中心之间的磁耦合作用，而 2 较强的磁耦合作用则源自其凯库勒结构的贡献。另外，耦合单元的 HOMO-LUMO 能差对磁性大小也有明显影响。换言之，这些双自由基的磁性大小与几何特征、耦合单元的芳香性、自旋极化、耦合单元轨道特性及其 HOMO-LUMO 能差密切相关，它们的磁性行为可利用自旋交替规则以及 SOMO 效应预测。下面，主要分析双氮掺杂效应与双电子氧化效应对这些二氮杂二苯并蒽桥连硝基氧双自由基其磁性特性的影响，并简要介绍平衡离子效应。

表 4-1 （U）B3LYP/6-311＋＋G(d,p)水平下，四对双自由基分子闭壳层单重态能量（E_{CS}）、对称性破损开壳层单重态能量（E_{BS}）和三重态能量（E_T），单位 a.u.，以及$<S^2>$值

双自由基分子	E_{CS}	E_{BS} ($<S^2>$)	E_T ($<S^2>$)
1	− 1 140.116 372 4	− 1 140.121 140 1(0.835)	− 1 140.115 745 6(2.121)
1^{2+}	− 1 139.590 147 7	− 1 139.623 989 8(1.023)	− 1 139.623 269 3(2.021)
2	− 1 140.160 492 8	—	− 1 140.135 176 3(2.112)
2^{2+}	− 1 139.602 408 1	− 1 139.634 520 7(1.012)	− 1 139.633 877 4(2.019)
3	− 1 140.114 662 0	− 1 140.138 351 1(1.017)	− 1 140.137 855 1(2.052)
3^{2+}	− 1 139.590 373 5	− 1 139.600 767 6(0.922)	− 1 139.596 124 7(2.030)
4	− 1 140.097 050 0	− 1 140.134 462 9(1.039)	− 1 140.135 023 1(2.167)
4^{2+}	− 1 139.579 321 2	− 1 139.598 086 6(0.992)	− 1 139.595 912 1(2.023)

表 4-2 （U）B3LYP/6-311＋＋G(d,p)水平下，双自由基分子开壳层单重态-三重态能量差（ΔE_{BS-T}，kcal/mol）以及分子内磁交换耦合常数（J，cm^{-1}），表中还给出（U）B3LYP/6-311＋＋G(3df,2p)水平下的 J 值以供对比

双自由基分子	UB3LYP 6−311＋＋G(d,p)		UB3LYP 6−311＋＋G(3df,2p)	
	ΔE_{BS-T}	J/cm^{-1}	ΔE_{BS-T}	J/cm^{-1}
母体双自由基	− 0.43	− 151.4	− 0.46	− 162.6
1	− 3.38	− 919.9	− 3.66	− 984.5
1^{2+}	− 0.45	− 158.3	− 0.49	− 173.2
2	—	DM	—	DM
2^{2+}	− 0.40	− 140.1	− 0.44	− 152.1
3	− 0.31	− 105.1	− 0.33	− 111.4
3^{2+}	− 2.91	− 918.9	− 3.02	− 955.2
4	0.35	108.9	0.56	171.9
4^{2+}	− 1.36	− 462.5	− 1.41	− 478.0
5	− 6.05	− 1 599.6	− 6.53	− 1 699.8
5^{2+}	− 0.43	− 152.4	− 0.47	− 164.0

4.3.1 双氮掺杂效应

随着两氮原子掺杂位置的改变，双自由基 1、2、3 和 4 明显不同的磁性大小与它们的结构特征密切相关。如图 4-3 所示，几何构型优化表明双自由基 1 其耦合单元与自由基基团共平面，为自旋传输创造了有利条件。从自旋密度分布图 4-4 可以看出 1 中有 46.7%的自旋密度由自由基基团离域到耦合单元，呈现出相当大的自旋极化，而较大的自旋极化可有效促进两自由基基团之间

的磁耦合作用，其中较大的 $|J|$ 值（–919.9 cm^{-1}）也证明这一点。特别是，从表 4-2 中我们注意到，相比于母体双自由基（–151.4 cm^{-1}），1 的磁耦合作用大大增强。一方面，双氮掺杂引起耦合单元其芳香性转换，可以促进磁耦合相互作用。如表 4-3 所示，母体双自由基不同六元环其 NICS（0）和 NICS（1）均为负值，表明耦合单元是芳香性的，而芳香性一般不利于双自由基特性并抑制磁耦合作用。当母体双自由基经过双氮掺杂变为 1 后，耦合单元的 NICS（0）和 NICS（1）均变为正值，表明耦合单元由芳香性转换为反芳香性，而反芳香性可以促进磁耦合作用。另一方面，增强的磁耦合作用与耦合单元的轨道特性密切相关。研究表明耦合单元稳定性越高越不利于两自旋中心之间的磁耦合作用。由此进一步分析了耦合单元的分子轨道特性，包括 HOMO 的作用，轨道能级以及 HOMO-LUMO 能差。如图 4-5 所示，1 中两硝基氧基团其 SOMOs 与耦合单元的 HOMO 匹配性良好，意味着耦合单元的 HOMO 对磁耦合具有较好的调节作用。如图 4-1 所示，双氮掺杂提高了二苯并蒽的 LUMO 能级，并更大程度地提高其 HOMO 能级，电子可以更容易地从 HOMO 跃迁到 LUMO。结果，1 较低的稳定性及其耦合单元较小的 HOMO-LUMO 能差（1.79 eV）大大促进磁耦合作用。

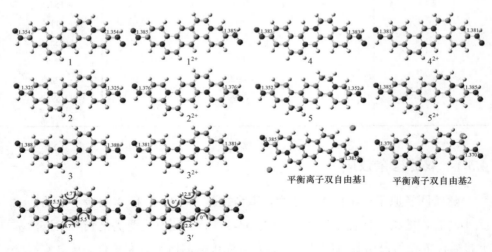

图 4-3　优化得到所有双自由基其基态的结构以及主要结构参数

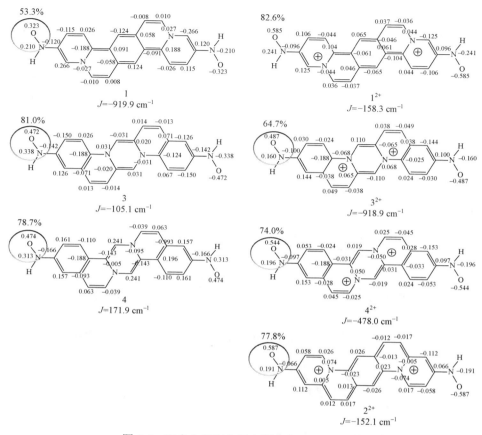

图 4-4　双自由基密立根自旋密度分布对比图

表 4-3　（U）B3LYP/6-311＋＋G(d,p)水平下，双自由基分子其耦合单元不同六元环（A、B、C、D 和 E）中心或中心一埃（1Å）处的核独立化学位移（NICS）值

双自由基分子	NICS	A	B	C	D	E
1	NICS(0)	7.81	3.91	0.75	3.96	7.82
	NICS(1)	3.74	0.59	−2.54	0.61	3.88
1^{2+}	NICS(0)	−1.50	−0.58	−4.86	−0.52	−1.50
	NICS(1)	−4.20	−3.52	−7.78	−3.65	−4.09
2	NICS(0)	2.71	3.95	−4.23	3.82	2.83
	NICS(1)	−0.12	0.68	−5.57	0.75	−0.11
2^{2+}	NICS(0)	−2.98	−0.49	−7.07	−0.55	−2.92
	NICS(1)	−5.21	−3.75	−8.68	−3.63	−4.69
3	NICS(0)	−1.37	6.33	10.49	6.70	−1.14
	NICS(1)	−4.48	3.34	7.24	2.24	−4.23

63

续表

双自由基分子	NICS	A	B	C	D	E
3²⁺	NICS(0)	−4.28	3.16	6.45	3.09	−4.22
	NICS(1)	−6.59	−0.40	3.14	−0.32	−6.51
4	NICS(0)	−1.18	13.42	32.11	13.33	−1.08
	NICS(1)	−3.70	9.43	24.80	8.97	−3.87
4²⁺	NICS(0)	−1.56	14.24	41.40	14.14	−1.49
	NICS(1)	−4.64	9.30	30.36	8.67	−5.08
母体双自由基	NICS(0)	−4.36	−1.81	−5.78	−1.68	−4.33
	NICS(1)	−6.98	−5.32	−8.72	−5.19	−6.68

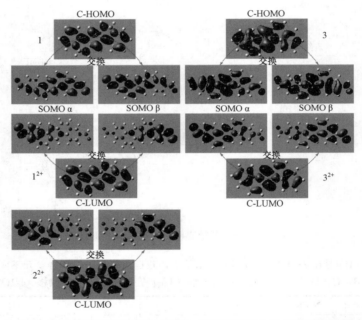

图 4-5 双自由基两硝基氧基团其 SOMOs 通过相应耦合单元的磁交换耦合作用

双自由基 2 其耦合单元的碳-碳双键可发生重排，两硝基氧基团其单电子之间的相互作用相当强烈，表现为闭壳层单重态即抗磁性。根据 Wiberg 键级（表 4-4）以及 NICS 值（表 4-3）可以画出分子 2 的真实结构（图 4-2，共振结构）。具体而言，2 中耦合单元与硝基氧基团之间碳-氮连接键较短（1.325 Å，图 4-3）碳氮之间形成双键，耦合单元 C 环 NICS（0）和 NICS（1）均为负值，说明 C 环具有芳香性表现为苯环特征，而 A、B、D 和 E 环都是反芳香性的。由此，可以推测分子 2 可以形成典型的凯库勒结构，如图 4-2 所示，与两掺杂氮原子无关，耦合单元碳-碳双键结构发生了重排，延伸的 π 共轭结构可以大大促进两硝基氧基团之间的磁耦合作用。此外，分子 2 其耦合单元较小的 HOMO-LUMO 能差（1.80 eV）也可以有效增强磁耦合作用（图 4-6）。总体而言，分子 2 稳定的凯库勒结构及其耦合单元较小的 HOMO-LUMO 能差在促进磁耦合方面起协同作用，使其表现为 CS 基态。

表 4-4　四对双自由基分子其耦合单元与自由基基团之间碳-氮连接键及其 Wibreg 键级

双自由基分子	Wibreg 键级	连接键（C—N）
1	0.524	1.354
1^{2+}	0.484	1.385
2	1.101	1.325
2^{2+}	0.493	1.376
3	0.496	1.388
3^{2+}	0.490	1.381
4	0.475	1.383
4^{2+}	0.490	1.381

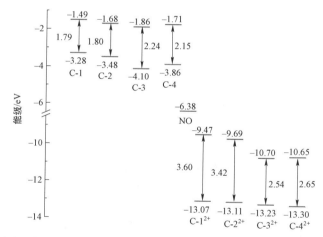

图 4-6　四对双自由基其耦合单元 HOMO 与 LUMO 能级以及 HOMO-LUMO 能差

双自由基 3 中两个氮原子位于耦合单元中间环，故中间环属于典型的六元环八电子结构，与其相邻的为两个七电子环，均表现为反芳香性利于磁耦合作用。然而，我们观察到 3 的磁耦合作用急剧减弱，因为中间环上的两氮原子可以抑制碳-碳双键重排为凯库勒结构（图 4-7），从而削弱了自旋极化不利于磁耦合作用。如图 4-4 所示，相比于 1 中耦合单元上的自旋密度分布

（46.7%），3 中耦合单元上的自旋密度分布只有 19%，表明由硝基氧基团到耦合单元的自旋极化大大受阻。另外由于 B、C、D 环中 N 位点锥形化，3 中耦合单元的平面性遭到破坏，也不利于磁耦合作用。为了进一步证明耦合单元 CCNC 二面角对磁耦合作用的影响，通过改变 CCNC 二面角从 15.5° 到 0°（图 4-3），对结构 3 进行单点计算，发现相应的 J 值由 -105.1 cm^{-1} 变为 -535.1 cm^{-1}。这就清楚地说明耦合单元与自由基基团之间良好的共轭性可以促进自旋传输，而 N 位点锥形化可以抑制磁耦合作用。此外，与 1 相比，3 中耦合单元较大的 HOMO-LUMO 能差（2.24 eV，图 4-6）也是阻碍磁耦合作用的因素。因此，可以理解 3 的 |J| 值远小于 1。

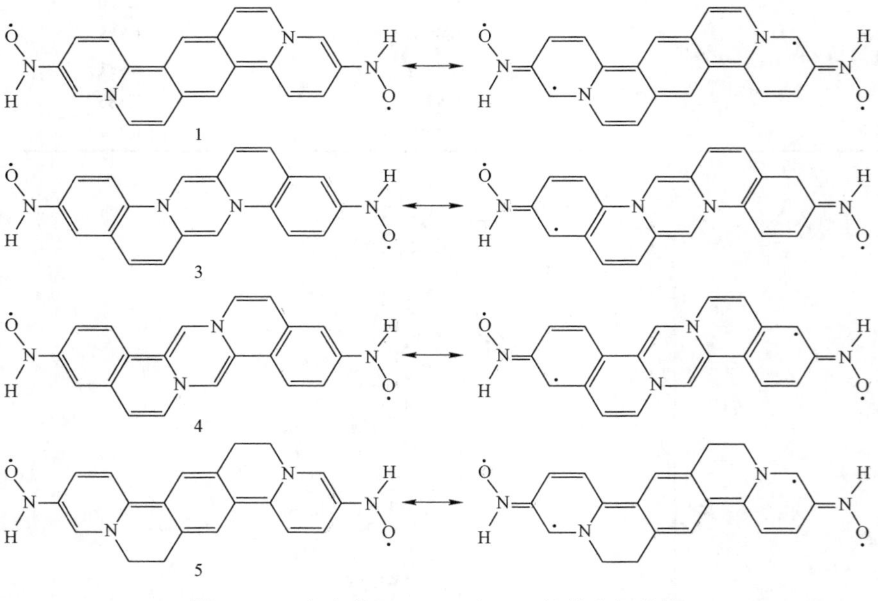

图 4-7　双自由基 1、3、4 和 5 可能的共振结构

意想不到的是，双自由基 4 的 J 值为 108.9 cm^{-1}，表现为 FM 耦合。4 较小的 J 值也是由于它的非凯库勒结构（图 4-7）阻碍了自旋极化，其硝基氧基团上的自旋密度分布为 78.7%，明显高于 1（53.3%）并与 3（81.0%）相当，如图 4-4 所示。此外，4 中 B、C、D 环 NICS（0）和 NICS（1）均为较大的负值（表 4-3），说明其耦合单元是反芳香性的。而研究发现芳香性支持 FM 耦合，故 4 中耦合单元较大的反芳香性可以削弱 FM 耦合。另外，如图 4-8

所示，4 较小的 FM 耦合还归因于两硝基氧基团其 SOMOs 与耦合单元 HOMO 较差的匹配性。当然，耦合单元较大的 HOMO-LUMO 能差（2.15 eV，图 4-6）也是减弱磁耦合作用的一个辅助因素。4 磁性行为的转变是因为它与位置异构体 1 和 3 耦合路径不同，将在下面介绍。

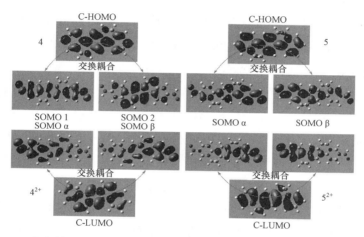

图 4-8　双自由基两硝基氧基团其 SOMOs 通过相应耦合单元的磁交换耦合作用

简言之，随着两氮原子掺杂位置的改变，二氮杂二苯并蒽桥连硝基氧双自由基其磁性大小甚至磁性行为也呈现明显变化。几何特征、耦合单元的芳香性、自旋极化、耦合单元 HOMO/LUMO 能级及其能差在调控两自旋中心之间的磁交换耦合中起重要作用。特别是，沿着 $NO—(C \equiv C)_n—NO$ 链，2 的共振结构可以提供有效的自旋耦合通道，1 却不能提供，双氮掺杂在 3 和 4 的耦合路径中起阻碍作用。

4.3.2　双电子氧化效应

由于两过剩电子的引入，双氮掺杂可以减弱二苯并蒽的芳香性，因此二氮杂二苯并蒽的氧化并不困难。鉴于此，我们进一步探究双电子氧化效应对四个双自由基磁耦合作用的影响。双电子氧化后，1、2、3 和 4 则变为母体双自由基的等电子类似物，但与母体双自由基最大的不同是它们的耦合单元由于吡啶或吡嗪环的缺电子性其 LUMO 能级均大大降低（图 4-6）。如前所述，耦合单元的轨道特性对磁耦合作用有很大影响，因此有必要分析双电子氧化

效应对 1、2、3 和 4 其磁性特征的影响。从表 4-2 中，观察到二氮杂二苯并蒽桥连硝基氧双自由基其磁性大小的调控或者磁性行为的转换可通过双电子氧化还原法实现。1 经过双电子氧化变为 1^{2+} 后，J 值的符号没有改变但其大小由 -919.9 降低到 -158.3 cm^{-1}。尽管 1 和 1^{2+} 均为平面结构，但我们注意到二者的连接键明显不同。相比于 1（1.354 Å），1^{2+} 较长的连接键（1.385 Å）表明其自由基基团与耦合单元之间磁耦合作用较弱，故 $|J|$ 值较小。表 4-4 Wiberg 键级计算结果 1^{2+} 和 1 分别为 0.293 和 0.321，与上述分析相符合。此外，1^{2+} 的自旋极化显著降低，82.6% 的自旋密度分布位于硝基氧基团，远大于 1（53.3%），较小的自旋极化导致较小的 $|J|$ 值。另外，1^{2+} 耦合单元的芳香性和较大的 HOMO-LUMO 能差（3.60 eV）也是其 $|J|$ 值减小的原因，这与母体双自由基的情形类似。特别是，如图 4-5 所示，1^{2+} 的自旋交换耦合由于其耦合单元 LUMO 的弱参与作用而受到抑制。对于双自由基 2^{2+}，决定其较小 $|J|$ 值（-140.1 cm^{-1}）的因素与 1^{2+} 相同，不再赘述。

双自由基 3 经过双电子氧化变为 3^{2+} 后，相应的 J 值由 -105.1 增大到 -918.9 cm^{-1}，通过相应耦合单元的自旋极化则由 19% 增大到 35.3%，从而促进磁耦合作用。此外，磁耦合增强最主要的原因是耦合单元的 LUMO 在两硝基氧基团之间的磁交换耦合中起调节作用。观察到两硝基氧基团其 SOMOs 与耦合单元的 LUMO 匹配性良好（图 4-5），硝基氧基团中两未成对电子很容易通过耦合单元的 LUMO 发生自旋交换耦合。如图 4-6 所示，经过双电子氧化后，1^{2+}、2^{2+} 和 3^{2+} 其耦合单元的 HOMO 与 LUMO 能级均下降，结果，3^{2+} 其耦合单元 HOMO-LUMO 能差最小导致最强的磁耦合作用。双自由基 4^{2+} 的情形与 3^{2+} 类似，其适度的磁耦合相互作用（-462.5 cm^{-1}）是由较弱的自旋极化产生。

总而言之，通过分析双氮掺杂及其位置效应与双电子氧化效应对二氮杂二苯并蒽桥连硝基氧双自由基磁性特征的影响，得出这些双自由基的磁耦合相互作用主要取决于两硝基氧基团其 SOMOs 与耦合单元 HOMO 或 LUMO 的匹配程度以及耦合单元的 HOMO-LUMO 能差。双自由基 1 较大的磁耦合作用是因为其耦合单元 HOMO 较强的调节作用，而 3^{2+} 与 4^{2+} 较大的磁耦合作用归因于其耦合单元 LUMO 较强的调节作用。图 4-9 给出通过耦合单元的 HOMO 或 LUMO 时两自旋中心之间的磁交换耦合原理图。

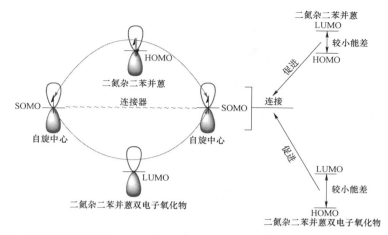

图 4-9　通过耦合单元的 HOMO 或 LUMO 时两自旋中心之间的磁交换耦合原理图

图中 SOMOs、HOMO 和 LUMO 的位置大致表示能量的高低。

4.3.3　自旋交替规则

　　第 2 章与第 3 章已介绍自旋交替规则可以成功预测双自由基的自旋基态。如图 4-4 所示，通过两条或多条自旋支持的耦合路径时，所有双自由基其相邻原子中心自旋相反，即呈现交替的 α 与 β 自旋。一般来说，由于杂原子的引入、体系的非平面性或者不同耦合路径的存在，π 共轭双自由基其磁性行为的预测比较复杂。然而，我们注意到自旋交替规则仍然可用于描述这些双自由基的自旋基态。如图 4-10 所示，1 与 3 自旋密度图表明通过自旋支持的耦合路径时，有两个氮原子参与自旋传递，每一个氮原子可提供两个 π 电子；而对于 4，通过最短的自旋耦合路径时只需要一个氮原子其提供两个 π 电子参与自旋传递，从而引起磁性转换。另外可以看出，1 与 3 不同的耦合路径之间存在竞争，自旋极化在通过较长耦合路径时受阻。1、3、4 经过双电子氧化变为 1^{2+}、3^{2+}、4^{2+} 后，来自氮原子的两个 π 电子消失，不同耦合路径之间的竞争也变弱，结果，1^{2+}、3^{2+}、4^{2+} 每条耦合路径都满足自旋交替规则；而 2^{2+} 其磁性行为可通过最短的耦合路径预测，类似于 1 与 3（图 4-10）。简言之，结合自旋密度图，4 呈现的 FM 耦合行为，除 2（DM）以外其他双自由基呈现的 AFM 耦合行为，通过自旋支持的耦合路径时都可以借助自旋交替规则预测。此外，图 4-11 给出四对双自由基能量不支持的自旋态其自旋密度分布图，可以看出自旋极化在通过耦合单元时几乎完全受阻。

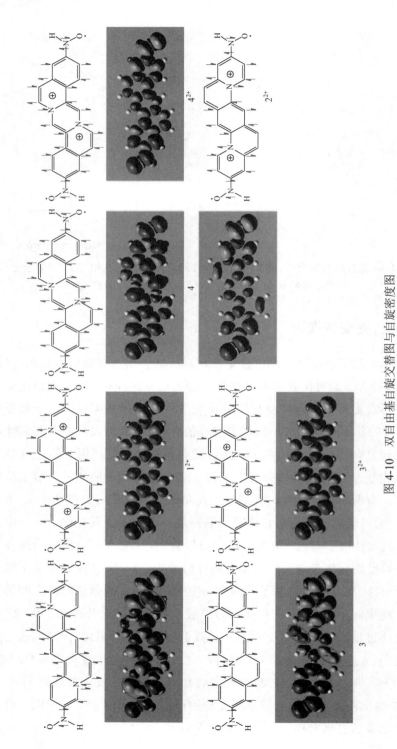

图4-10　双自由基自旋交替图与自旋密度图

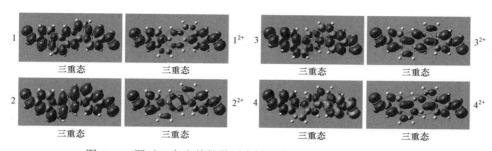

图 4-11　四对双自由基能量不支持的自旋态其自旋密度分布图

除自旋交替规则以外，还分析了双自由基其 SOMOs 的形状定性预测它们的磁性行为。如图 4-5 和图 4-8 所示，发现 4 其 SOMOs 呈现明显相交特征，对应 FM 耦合，而除 2 以外其他双自由基其 SOMOs 呈现不相交特征，表现为 AFM 耦合。

4.3.4　吡啶-亚苯基单元桥连硝基氧双自由基

为了进一步证实上面某些解释和结论，还将两硝基氧基团连接到耦合单元吡啶-亚苯基单元及其相应的双电子氧化物上（5 和 5^{2+}，图 4-3），研究两双自由基的磁性特征及其耦合路径。一方面，吡啶-亚苯基单元实验上已有报道，并且它是本工作设计理念的来源之一，即选择二氮杂二苯并蒽及其双电子氧化物作为耦合单元。事实上，1 和 1^{2+}可看作 5 和 5^{2+}其 B、D 环边缘被氢化的衍生物，它们的中间路径是一致的。因此，可以猜想 5 和 5^{2+}磁耦合作用的实质分别与 1 和 1^{2+}类似。如图 4-8 所示，5 中两硝基氧基团其 SOMOs 与耦合单元的 HOMO 匹配性较好，再次证明耦合单元其 HOMO 参与了自旋耦合。如图 4-12 所示，吡啶-亚苯基单元经双电子氧化后，HOMO-LUMO 能差由 1.92 eV 变为 3.97 eV，结果，表 4-2 中我们发现 5 的磁耦合作用（− 1 599.6 cm^{-1}）远大于 5^{2+}（− 152.4 cm^{-1}）。另一方面，与 1 相比，5 较大的自旋极化产生了较强的磁耦合作用（图 4-13）。值得一提的是，5 与 5^{2+}的磁性行为也可以用自旋交替规则（图 4-13）和 SOMO 效应解释（图 4-8）。通过比较两对双自由基的自旋交换耦合，表明中心通道是耦合作用的主要通道，而通过 N 位点边缘通道自旋耦合受阻。

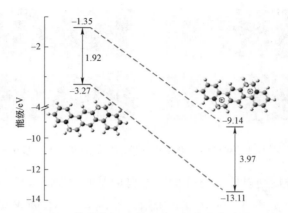

图 4-12 吡啶-亚苯基单元及其双电子氧化物相应的 HOMO 与 LUMO 能级以及 HOMO-LUMO 能差

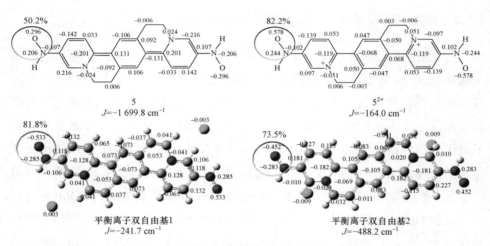

图 4-13 双自由基密立根自旋密度分布对比图

4.3.5 平衡离子效应

实际上受周围环境的影响，大多数稳定的氨基阳离子倾向于以离子对的形式存在，因此，以 1^{2+} 为例，进一步探究平衡离子（Cl$^-$）效应对磁耦合作用的影响，其中两复合物（1^{2+} 包含 2Cl$^-$）的几何优化构型如图 4-3 所示。计算发现两复合物的磁耦合强度很大程度上依赖于两 Cl$^-$ 相对两 N 原子的位置。当

Cl⁻靠近 N 原子并与 1²⁺骨架共平面时，如表 4-5 所示，J 值为 $-241.7\ cm^{-1}$，稍微大于 1²⁺（$-158.3\ cm^{-1}$），而当两 Cl⁻位于 N 原子上方时，J 值增大到 $-488.2\ cm^{-1}$，这主要是因为两复合物不同的自旋极化（图 4-13）。另外，$\equiv N^+\cdots Cl^-$模式比面内 C—H$\cdots$Cl⁻氢键模式更稳定，故 J 值可通过反离子来调控。

表 4-5　（U）B3LYP/6-311＋＋G(d,p)水平下，双自由基分子对称性破损开壳层单重态能量（E_{BS}）和三重态能量（E_T），单位 a.u.，相应的自旋污染值（$<S^2>$）以及分子内磁交换耦合常数（J，cm^{-1}）

双自由基分子	$E_{(BS)}$（$<S^2>$）	$E_{(T)}$（$<S^2>$）	J/cm^{-1}
母体双自由基	$-1\,106.914\,863\,2(1.031)$	$-1\,106.914\,176\,8(2.025)$	-151.4
5	$-1\,142.547\,898\,8(0.740)$	$-1\,142.538\,241\,1(2.064)$	$-1\,599.6$
5²⁺	$-1\,142.061\,257\,3(1.025)$	$-1\,142.060\,562\,9(2.024)$	-152.4
平衡离子双自由基 1	$-2\,060.609\,000\,2(1.025)$	$-2\,060.607\,898\,0(2.025)$	-241.7
平衡离子双自由基 2	$-2\,060.613\,303\,7(1.040)$	$-2\,060.611\,057\,4(2.049)$	-488.2

4.4　小　结

本工作主要设计了四个二氮杂二苯并蒽桥连硝基氧双自由基，讨论双氮掺杂及其位置效应与双电子氧化效应对四个双自由基磁性大小或磁性行为的影响。研究发现：① 双氮掺杂不仅可改变耦合单元六元环的芳香性，还可改变其结构与电子特性，并且不同的双氮掺杂位置会有明显不同的影响；② 与正常碳位点相比，掺杂的两氮原子位点通过破坏耦合单元灵活的凯库勒共振结构在自旋耦合路径中起抑制作用，而一般来说，延伸 π 共轭凯库勒结构可以极大地促进磁耦合作用；③ 双电子氧化前，双自由基两硝基氧基团其 SOMOs 与耦合单元 HOMO 较好的匹配性可以促进自旋磁耦合作用；④ 双电子氧化后，四个双自由基磁性特征发生明显变化，两硝基氧基团其 SOMOs 与耦合单元 LUMO 较好的匹配性则促进磁耦合作用。简言之，无论是双氮掺杂位置还是双电子氧化还原诱导，双自由基的磁性大小与其几何特征、自旋极化以及耦合单元的芳香性、轨道特性及其 HOMO-LUMO 能差密切相关。另外，双自由基的磁性行为可借助自旋交替规则与 SOMO 效应解释。以上分析清晰表明双氮掺杂位置效应和双电子氧化还原效应可以对二氮杂二苯并蒽硝基氧双自由基实现磁性大小调控或者磁性行为转换。特别是，耦合单元二氮杂二苯并蒽较低的稳定性与相应双电子氧化物的缺电子性，可以为双自由基的设计及其进一步的应用提供非常有用的指导。此外，氧化还原法诱导四对双自由基发生磁性调控或者磁性转换现象容易实现，在有机自旋学、有机分子开关的设计及数据存储器件方面有广阔的应用前景。

第 5 章
偶氮苯桥连双自由基：
质子化增强磁性耦合

5.1 引 言

偶氮苯（azobenzene，AB）有顺反两种异构体，且反式异构体比顺式异构体稳定。当用适当的光照射时，偶氮苯可由反式异构体变为顺式异构体，而其可逆反应在无光照下就很容易进行。基于这种光致变色特性，偶氮苯及其衍生物在光学控制，分子开关，玻璃材料，蛋白质探针以及 DNA 修饰等方面具有广泛的技术应用。除继续深入探索偶氮苯已有的用途外，发展其潜在的应用更激发科学家的研究兴趣。令人感到兴奋的是，研究已证实偶氮苯及其衍生物可通过一些稳定的自由基基团修饰，然后将其用于磁性分子的设计。这主要是因为偶氮苯及其衍生物可作为光致变色耦合单元调控其桥连两自由基基团之间的磁耦合相互作用。

除光诱导光致变色体以外，磁性调控（包括磁性转换、增强或者减弱等）还可以通过其他方式实现。例如，研究表明随着耦合单元和自由基基团之间扭转角的增大，三亚甲基甲烷型双自由基其磁性明显减弱甚至由铁磁性转换为反铁磁性。此外，对于热磁分子体系调控温度也可以实现可逆的磁性转换。第 2 章介绍了氧化还原反应可有效调控双自由基磁性的转换，其中采用间/对吡嗪作为氧化还原活性单元桥连两硝基氧自由基基团。另外，Ali 等人指出非共价阴/阳离子–π 相互作用对磁交换耦合有很大影响，并发现在平衡距离之下阴离子（包括氟离子、氯离子、溴离子）可以显著增强磁耦合相互作用。总之，有机分子的磁性调控可通过光、几何构型扭转、温度以及氧化还原诱导方法，或者非共价阴/阳离子－π相互作用实现。据了解，在有机体系中利用质子化效应也很容易实现磁性调控，并且通过质子化可成功修饰一些有机分子从而帮助人们理解某些化学和生化现象。尤其理论预测表明偶氮单元（—N＝N—）其中一个氮原子是质子化最敏感部位，并且实验上已经观察到质子化反式偶氮苯（ABH$^+$）的存在。因此，探索质子化效应对偶氮苯桥连双自由基体系其磁性特征的影响非常有趣。

鉴于此，本工作主要设计了以反/顺偶氮苯（trans-/cis-AB）为耦合单元的双自由基，其中两硝基氧自由基（简写为 NO）相对于偶氮单元连接到两亚苯基的对位（称为 pp 系列），且偶氮单元可经过单质子化过程转变为质子化对应物（—H$^+$N＝N—）。换言之，本工作选择硝基氧自由基作为自旋中心，分别将其连接到反/顺偶氮苯的对位，记为 ON-^{t}AB$_{pp}$-NO（t: trans）与 ON-^{c}AB$_{pp}$-NO（c: cis）。质子化后，ON-^{t}AB$_{pp}$-NO 与 ON-^{c}AB$_{pp}$-NO 分别转变为 ON-^{t}AB$_{pp}$H$^+$-NO 与 ON-^{c}AB$_{pp}$H$^+$-NO，如图 5-1 所示。计算结果表明两未质子化的 pp-型反/顺偶氮苯双自由基 ON-^{t}AB$_{pp}$-NO 与 ON-^{c}AB$_{pp}$-NO 其 AFM 耦合常数（J）相对较大，揭示了偶氮苯良好的自旋耦合调节能力。特别是，我们发现质子化可以明显增强 ON-^{t}AB$_{pp}$-NO 与 ON-^{c}AB$_{pp}$-NO 的 AFM 耦合，但是并没有引起自旋反转或磁性转换，即 J 值的符号没有改变。这种明显增强的磁耦合作用主要是因为桥连两自由基基团的耦合单元偶氮苯很强的调节作用，质子化之后耦合单元的 LUMO 能级降低促进了磁耦合作用。质子化反式偶氮苯双自由基（ON-^{t}AB$_{pp}$H$^+$-NO）的平面结构，以及质子化顺式偶氮苯双自由基（ON-^{c}AB$_{pp}$H$^+$-NO）两扭转角 CCNN 的减小不仅可以支持自旋中心与耦合单元之间 π 共轭结构的形成，并通过降低偶氮苯 LUMO 的能级为自旋传输创造有利条件，从而有效促进磁耦合相互作用。此外，为进一步证实质子化效应对磁耦合作用的影响，还考虑了另外两种常用的自由基基团（RG），四联氮基（verdazyl，VER）和氮氧自由基（nitronyl nitroxide，NN）作为自旋中心连接到偶氮苯或质子化偶氮苯对/对位，分别记为 RG-^{t}AB$_{pp}$-RG/RG-^{t}AB$_{pp}$H$^+$-RG 和 RG-^{c}AB$_{pp}$-RG/RG-^{c}AB$_{pp}$H$^+$-RG，RG＝VER 和 NN，其中未质子化双自由基的 J 值大小文献已有报道，可供作参考。另外，又以硝基氧自由基为例，采用不同的连接模式讨论质子化和位置效应对磁耦合作用的影响，包括反/顺-偶氮苯与质子化反/顺-偶氮苯桥连的间/对位模式（称为 mp 系列）与间/间位模式（称为 mm 系列）双自由基，分别记为 ON-^{t}AB$_{mp}$-NO/ON-^{t}AB$_{mp}$H$^+$-NO、ON-^{c}AB$_{mp}$-NO/ON-^{c}AB$_{mp}$H$^+$-NO、ON-^{t}AB$_{mm}$-NO/ON-^{t}AB$_{mm}$H$^+$-NO 和 ON-^{c}AB$_{mm}$-NO/ON-^{c}AB$_{mm}$H$^+$-NO。以上所有双自由基其结构示意图在图 5-1 中给出。最后，为探索质子化效应更实际的应用，还运用弱酸根离子（例如 NH$_4^+$和 H$_3$O$^+$）检验质子化对双自由基 ON-^{t}AB$_{pp}$-NO 其磁性特征的影响。显然，质子诱导偶氮苯双自由基分子其磁性增强现象在磁性分子开关、光电器件、数据存储设备等领域可展现出很有前途的应用前景，这项工作也为进一步实验研究提供非常有用的理论支持。

5.2　计算细节

如前所述，所有双自由基分子的几何构型优化，频率分析以及能量计算包括闭壳层单重态（CS）、对称性破损开壳层单重态（BS）和三重态（T）均在（U）B3LYP/6-311＋＋G(d,p)水平下进行。磁交换耦合常数表达式仍为 $J=(E_{BS}-E_T)/(<S^2>_T-<S^2>_{BS})$，其中 E_{BS} 和 E_T 指 BS 和 T 态能量，而$<S^2>_{BS}$ 和 $<S^2>_T$ 分别指两自旋态的自旋污染。该表达式是估测 J 值最合适的方法。以上所有密度泛函理论计算均利用高斯 03 程序完成。

5.3　结果与讨论

根据耦合单元偶氮苯 AB 或质子化偶氮苯 ABH$^+$与两自由基基团不同的连接方式，进一步讨论了三种类型的双自由基分别为 pp、mm 和 mp 系列。不管未质子化还是质子化双自由基，计算结果表明 pp 与 mm 系列双自由基支持 AFM 耦合，而 mp 系列双自由基支持 FM 耦合。如图 5-2 所示，尽管质子化前后 J 值的符号没有改变，但是我们观察到相比于未质子化双自由基，质子化双自由基其 J 值明显增大，尤其对 pp 系列更为显著。所有成对双自由基，RG-^{t}AB$_{pp}$-RG/RG-^{t}AB$_{pp}$H$^+$-RG 和 RG-^{c}AB$_{pp}$-RG/RG-^{c}AB$_{pp}$H$^+$-RG，其中 RG＝NO、VER 和 NN，以及 RG-^{t}AB$_{mp}$-RG/RG-^{t}AB$_{mp}$H$^+$-RG、RG-^{c}AB$_{mp}$-RG/

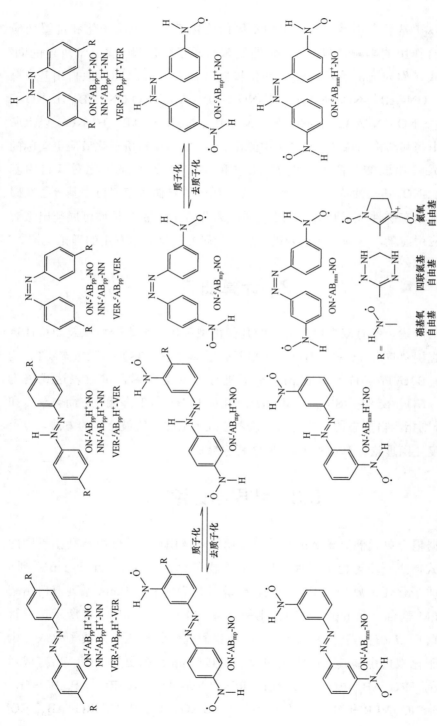

图 5-1 未质子化和质子化反/顺偶氮苯连双自由基结构示意图

两自由基基团 NO、VER 或 NN 相对于偶氮苯单元分别位于间亚苯基的对/对位，间/对位或者间/间位。

RG-^{c}AB$_{mp}$H$^+$-RG、RG-^{t}AB$_{mm}$-RG/RG-^{t}AB$_{mm}$H$^+$-RG 和 RG-^{c}AB$_{mm}$-RG/RG-^{c}AB$_{mm}$H$^+$-RG 其中 RG=NO，质子化之后其 J 值为质子化之前的 1.6 – 9.3 倍。尤其对于 ON-^{t}AB$_{pp}$-NO，光诱导异构化引起其 J 值从 – 716.4 cm^{-1} 降低到 – 388.1 cm^{-1} （ON-^{c}AB$_{pp}$-NO），而质子化却明显引起其 J 值增加到 – 1 787.1 cm^{-1} （ON-^{t}AB$_{pp}$H$^+$-NO）。即使对反式双自由基 ON-^{c}AB$_{pp}$-NO 而言，质子化也明显促进磁耦合作用，$|J|$ 值增大约为 839.8 cm^{-1}。毫无疑问，探索质子化诱导磁性增强的实质尤为必要。由此将从以下几方面讨论质子化诱导磁性增强的现象及其规律：几何参数，自旋极化和电荷离域，耦合单元 LUMO 的作用，其中重点分析两对双自由基 ON-^{t}AB$_{pp}$-NO/ON-^{t}AB$_{pp}$H$^+$-NO 和 ON-^{c}AB$_{pp}$-NO/ON-^{c}AB$_{pp}$H$^+$-NO 的磁性特征。所有计算结果包括 pp、mm 和 mp 系列双自由基 CS，BS 和 T 态能量，$<S^2>$值，以及 J 值列于表 5-1 中。

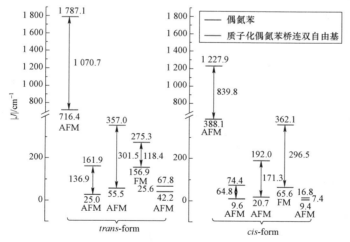

图 5-2　未质子化和质子化偶氮苯桥连双自由基的磁耦合常数 $|J|$ 值

从左到右依次为反式双自由基 ON-^{t}AB$_{pp}$-NO/ON-^{t}AB$_{pp}$H$^+$-NO、VER-^{t}AB$_{pp}$-VER/ VER-^{t}AB$_{pp}$H$^+$-VER、NN-^{t}AB$_{pp}$-NN/NN-^{t}AB$_{pp}$H$^+$-NN、ON-^{t}AB$_{mp}$-NO/ON-^{t}AB$_{mp}$H$^+$- NO 和 ON-^{t}AB$_{mm}$-NO/ON-^{t}AB$_{mm}$H$^+$-NO 以及相应的顺式双自由基 ON-^{c}AB$_{pp}$-NO/ ON-^{c}AB$_{pp}$H$^+$-NO、 VER-^{c}AB$_{pp}$-VER/VER-^{c}AB$_{pp}$H$^+$-VER、NN-^{c}AB$_{pp}$-NN/NN- ^{c}AB$_{pp}$H$^+$-NN、 ON-^{c}AB$_{mp}$-NO/ON-^{c}AB$_{mp}$H$^+$-NO 和 ON-^{c}AB$_{mm}$-NO/ON-^{c}AB$_{mm}$H$^+$-NO；

其中 pp 和 mm 系列双自由基表为 AFM 耦合，而 mp 系列双自由基表现为 FM 耦合。

表 5-1 （U）B3LYP/6-311＋＋G(d,p)水平下，所有双自由基分子其闭壳层单重态能量（E_{CS}）、对称性破损开壳层单重态能量（E_{BS}）和三重态能量（E_T），单位 a.u.，$<S^2>$ 值，以及 J 值（cm⁻¹）

双自由基分子	$E_{(CS)}$	E_T ($<S^2>$)	E_{BS} ($<S^2>$)	J (cm⁻¹)
ON-^{t}AB$_{pp}$-NO	− 832.791 220 9	− 832.800 635 4(2.026)	− 832.803 935 1(1.016)	− 716.4
ON-^{t}AB$_{pp}$H$^+$-NO	− 833.173 625 6	− 833.167 063 1(2.027)	− 833.177 469 9(0.750)	− 1 787.1
ON-^{c}AB$_{pp}$-NO	− 832.743 363 3	− 832.774 049 2(2.030)	− 832.775 779 9(1.052)	− 388.1
ON-^{c}AB$_{pp}$H$^+$-NO	− 833.139 249 1	− 833.151 537 8(2.036)	− 833.159 505 6(0.613)	− 1 227.9
VER-^{t}AB$_{pp}$-VER	− 1 166.89 859 6	− 1 166.946 824 5(2.062)	− 1 166.946 937 4(1.070)	− 25.0
VER-^{t}AB$_{pp}$H$^+$-VER	− 1 167.295 588 7	− 1 167.340 684 2(2.078)	− 1 167.341 375 3(1.142)	− 161.9
VER-^{c}AB$_{pp}$-VER	− 1 166.875 488 9	− 1 166.922 108 7(2.062)	− 1 166.922 152 3(1.066)	− 9.6
VER-^{c}AB$_{pp}$H$^+$-VER	− 1 167.279 585 8	− 1 167.325 105 5(2.081)	− 1 167.325 435 5(1.109)	− 74.4
NN-^{t}AB$_{pp}$-NN	− 1 324.960 265 7	− 1 325.010 965 9(2.124)	− 1 325.011 214 3(1.142)	− 55.5
NN-^{t}AB$_{pp}$H$^+$-NN	− 1 325.339 951 2	− 1 325.384 070 5(2.182)	− 1 325.385 510 3(1.297)	− 357.0
NN-^{c}AB$_{pp}$-NN	− 1 324.938 381 4	− 1 324.987 386 0(2.123)	− 1 324.987 479 7(1.130)	− 20.7
NN-^{c}AB$_{pp}$H$^+$-NN	− 1 325.323 393 1	− 1 325.368 041 2(2.187)	− 1 325.368 857 3(1.255)	− 192.0
ON-^{t}AB$_{mp}$-NO	− 832.751 987 7	− 832.800 117 9(2.054)	− 832.799 384 7(1.029)	156.9
ON-^{t}AB$_{mp}$H$^+$-NO	− 833.130 397 5	− 833.160 173 0(2.102)	− 833.158 844 6(1.044)	275.3
ON-^{c}AB$_{mp}$-NO	− 832.726 085 8	− 832.773 493 5(2.047)	− 832.773 190 0(1.032)	65.6
ON-^{c}AB$_{mp}$H$^+$-NO	− 833.110 240 5	− 833.142 727 6(2.100)	− 833.140 974 2(1.038)	362.1
ON-^{t}AB$_{mm}$-NO	− 832.743 420 3	− 832.795 922 5(2.027)	− 832.796 112 8(1.038)	− 42.2
ON-^{t}AB$_{mm}$H$^+$-NO	− 833.105 487 3	− 833.152 358 5(2.033)	− 833.152 660 5(1.056)	− 67.8
ON-^{c}AB$_{mm}$-NO	− 832.721 377 7	− 832.771 570 7(2.027)	− 832.771 613 3(1.030)	− 9.4
ON-^{c}AB$_{mm}$H$^+$-NO	− 833.091 130 4	− 833.136 485 8(2.036)	− 833.136 562 0(1.041)	− 16.8
H$_2$O···ON-^{t}AB$_{pp}$H$^+$-NO	− 909.651 608 4	− 909.656 100 8(0.795)	− 909.646 692 6(2.026)	− 1 676.0
NH$_3$···ON-^{t}AB$_{pp}$H$^+$-NO	− 889.776 106 1	− 889.780 430 4(0.809)	− 889.771 431 2(2.027)	− 1 620.2

5.3.1　几何参数

对于反式双自由基 ON-^{t}AB$_{pp}$-NO 和 ON-^{t}AB$_{pp}$H$^+$-NO，优化几何构型表明耦合单元与自由基基团共平面（图 5-3），为自旋极化创造了非常有利的条件。据报道，自旋极化在决定磁交换耦合方面起着至关重要的作用，双自由基自旋极化较大时其磁耦合相互作用较强。结果由于较大的自旋极化，ON-^{t}AB$_{pp}$-NO 和 ON-^{t}AB$_{pp}$H$^+$-NO 拥有相对较大的 |J| 值，分别对应 716.4 和 1 787.1 cm⁻¹。另外在 ON-^{t}AB$_{pp}$H$^+$-NO 中，由于引入一个强吸电子效应的正电荷，质子化缩短了连接键 C-N 和 N-O 之间的键长（图 5-3），而较短的耦合路径可提供一种更容易的自旋传输方式，从而促进 ON-^{t}AB$_{pp}$H$^+$-NO 的磁耦合作用。

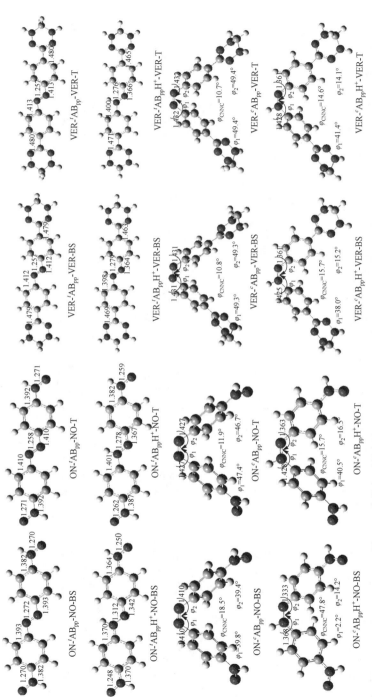

图 5-3　优化得到的所有双自由基分子各个自旋态的结构以及主要结构参数

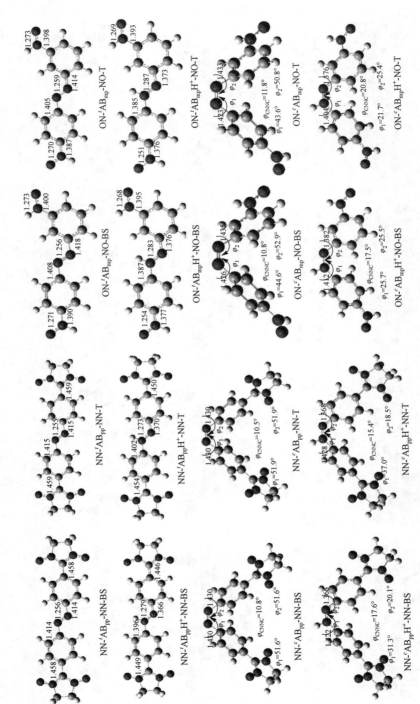

图 5-3　优化得到的所有双自由基分子各个自旋态的结构以及主要结构参数（续）

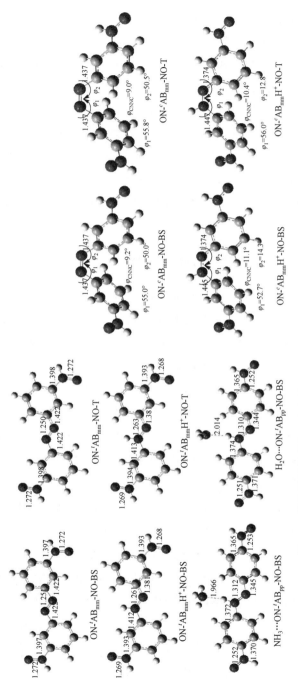

图 5-3　优化得到的所有双自由基分子各个自旋态的结构以及主要结构参数（续）

对于顺式双自由基 ON-^{c}AB$_{pp}$-NO 和 ON-^{c}AB$_{pp}$H$^+$-NO，优化几何构型表明两硝基氧自由基及其连接的亚苯基环共平面，但由于两亚苯基环中氢原子之间的排斥作用使其偏离偶氮单元所在平面。质子化前后，它们的二面角 CNNC（φ_{CNNC}）与两扭转角 CCNN（φ_1 和 φ_2）发生了很大的变化见图 5-3。具体而言，对于 ON-^{c}AB$_{pp}$-NO，质子化后二面角 φ_{CNNC} 增大，由 18.5° 变为 47.8°，而扭转角 φ_1 和 φ_2 却减小，分别由 39.8° 下降到 2.2° 以及 39.4° 到 14.2°。在 ON-^{c}AB$_{pp}$-NO 中，较大的扭转角使两亚苯基环之间存在面对面 π-π 相互作用，可以产生一种较弱的空间耦合。相反在 ON-^{c}AB$_{pp}$H$^+$-NO 中，较小的扭转角支持亚苯基环与偶氮单元之间共轭结构的形成，可以有效促进耦合作用从而产生较大 $|J|$ 值（1 227.9 cm^{-1}）。

5.3.2　自旋极化效应和电荷离域效应

一般来说，大部分自旋密度主要位于自由基基团，然而对于具有延伸 π 共轭结构的双自由基，自旋极化很容易从自由基基团离域到耦合单元。双自由基 ON-^{t}AB$_{pp}$-NO 和 ON-^{t}AB$_{pp}$H$^+$-NO 的自旋密度图显示硝基氧基团上的自旋密度遍布于整个分子骨架，表明相当大的自旋极化沿着 π 共轭反式偶氮苯发生离域，见图 5-4。为了定量说明质子化对自旋极化的影响，即由自旋中心到亚苯基环进一步到偶氮单元的自旋极化，比较了 ON-^{t}AB$_{pp}$-NO 和 ON-^{t}AB$_{pp}$H$^+$-NO 的密立根自旋密度分布，其中两双自由基中都移除一个硝基氧基团以排除两硝基氧基团之间相互作用对耦合单元的影响。如图 5-5（a）所示，未质子化单自由基的自旋密度分布表明 18.6% 自旋密度离域到耦合单元反式偶氮苯，而对于质子化单自由基自旋极化明显增加到 36.4%。换句话说，蓝色圆圈里只有 63.6% 自旋密度位于硝基氧基团，表明质子化之后从硝基氧基团到耦合单元可发生更大的自旋极化。如图 5-5（b）所示，质子化另一个氮原子也呈现类似的现象。较大的自旋极化可以有效地促进两硝基氧基团之间的自旋耦合，从而使 ON-^{t}AB$_{pp}$H$^+$-NO 拥有较大 $|J|$ 值。此外，ON-^{t}AB$_{pp}$-NO 中耦合单元的密立根自旋密度分布明显小于 ON-^{t}AB$_{pp}$H$^+$-NO（图 5-6），这进一步证实质子化反式偶氮苯可以增强自旋极化效应，因此产生强烈的磁耦合相互作用。另外，图 5-5（a）小圆圈里连接亚苯基环与硝基氧基团之间碳原子较大的自旋密度值也暗示来自硝基氧基团较强的自旋极化，支持更大的 $|J|$ 值。

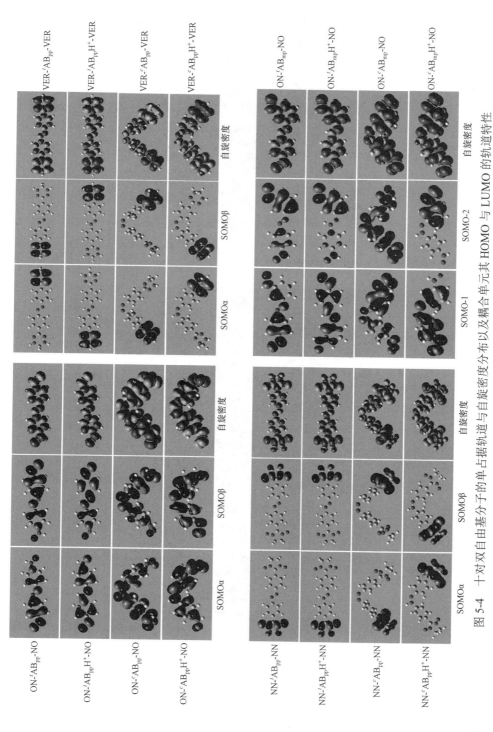

图 5-4　十对双自由基分子的单占据轨道与自旋密度分布以及耦合单元其 HOMO 与 LUMO 的轨道特性

有机双自由基磁性分子理论设计及磁性调控研究

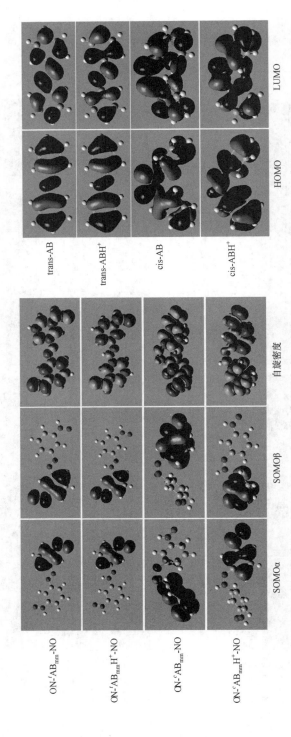

图 5-4 十对双自由基分子的单占据轨道与自旋密度分布及耦合单元其 HOMO 与 LUMO 的轨道特性（续）

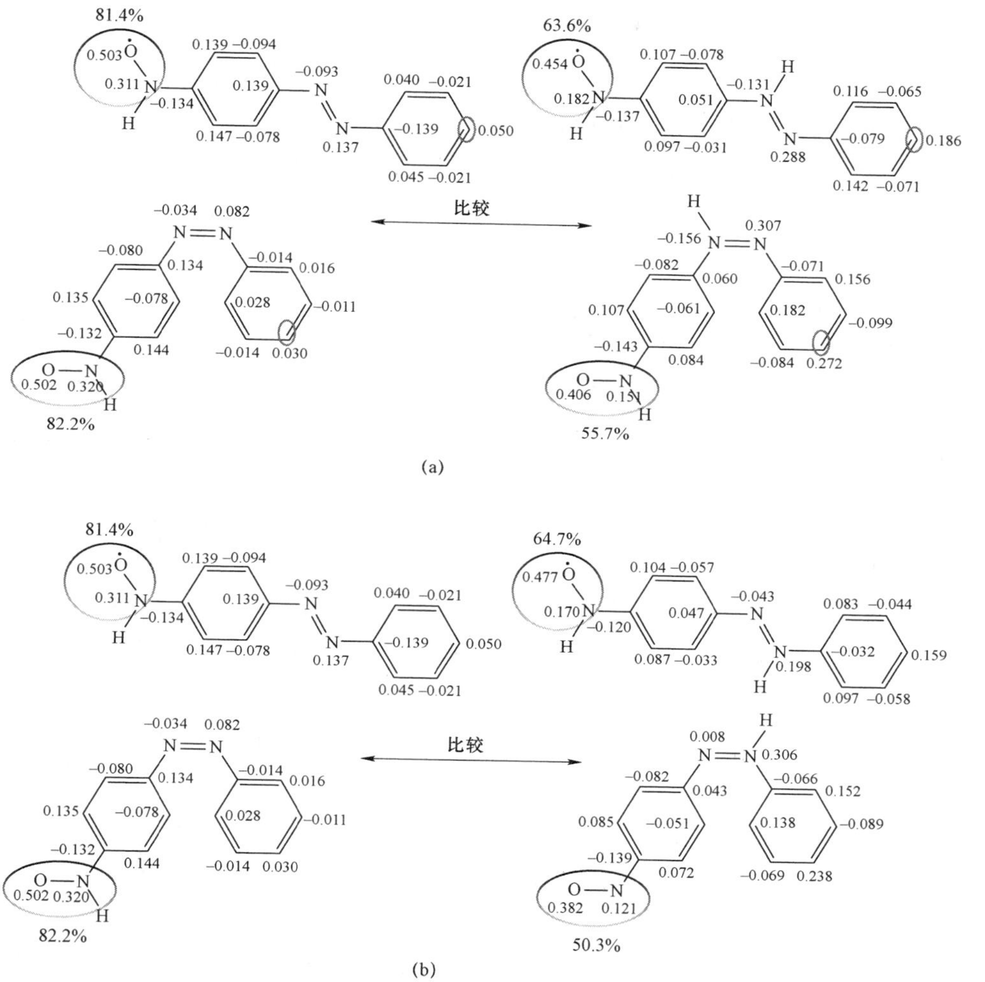

图 5-5　反式双自由基以及顺式双自由基相应单自由基密立根自旋密度分布对比图

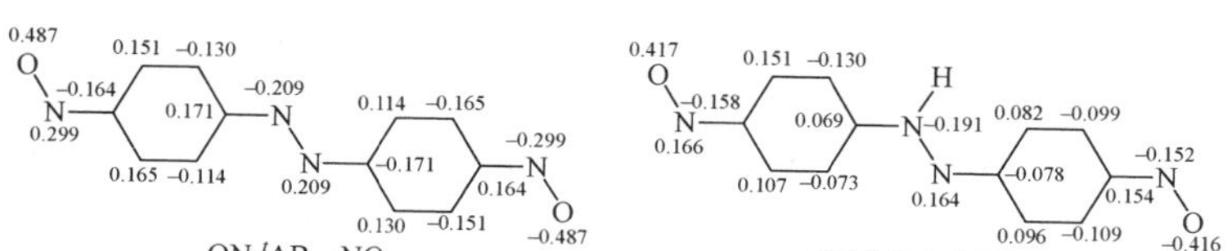

ON-$^{t}AB_{pp}$-NO　　ON-$^{t}AB_{pp}H^{+}$-NO

图 5-6　十对双自由基分子质子化前后密立根自旋密度分布对比图

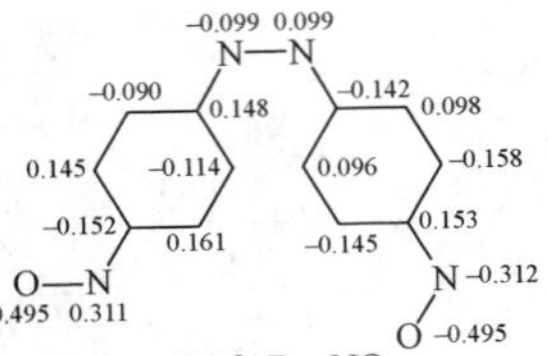

ON-^{c}AB$_{pp}$-NO

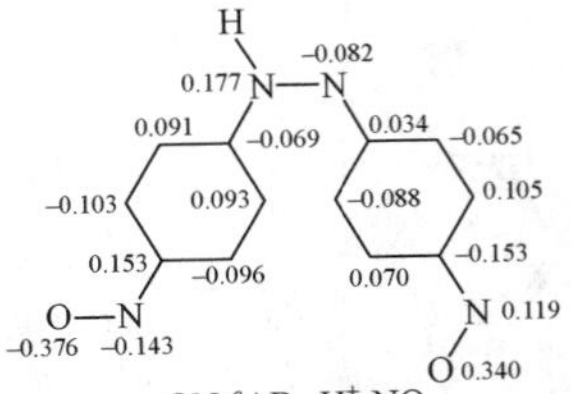

ON-^{c}AB$_{pp}$H$^+$-NO

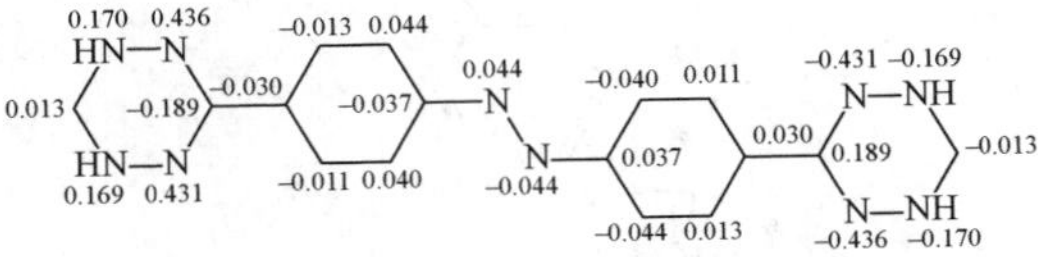

VER-^{t}AB$_{pp}$-VER

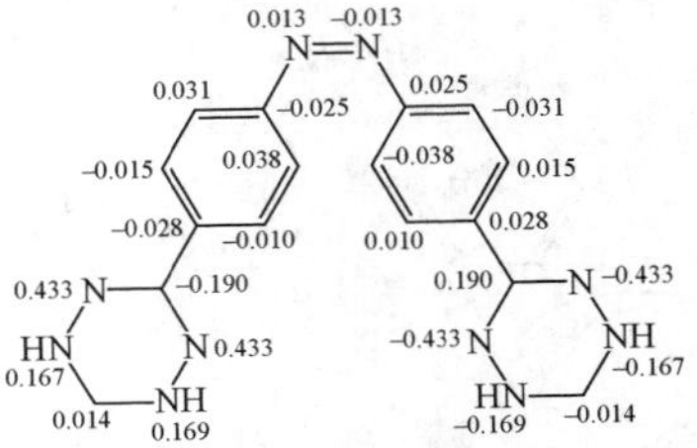

VER-^{c}AB$_{pp}$-VER

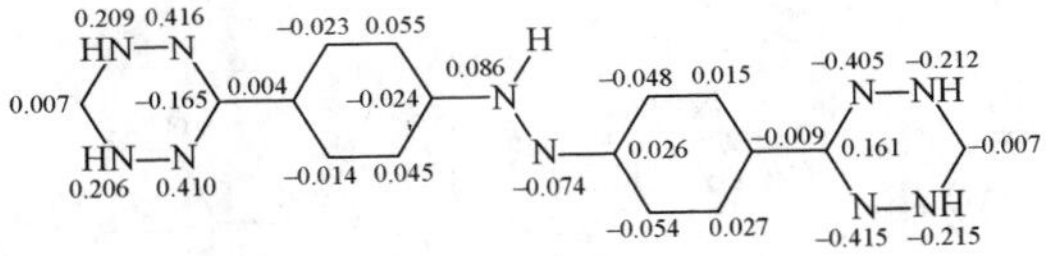

VER-^{t}AB$_{pp}$H$^+$-VER

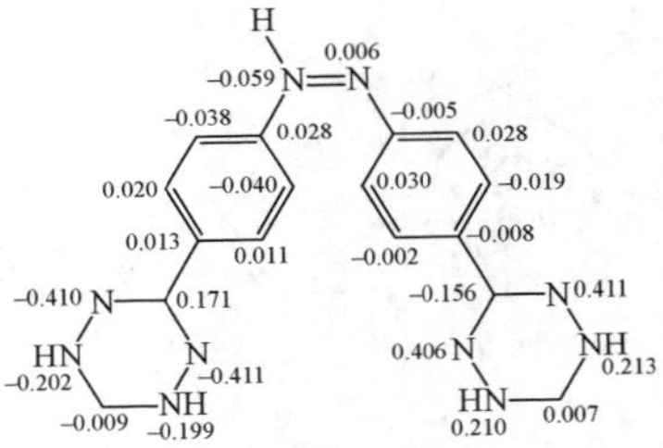

VER-^{c}AB$_{pp}$H$^+$-VER

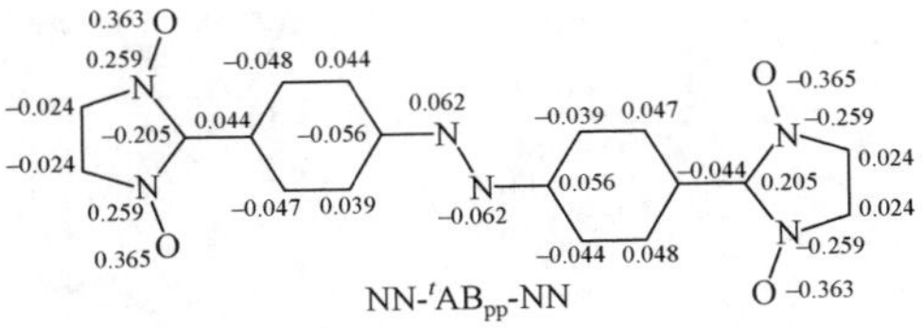

NN-^{t}AB$_{pp}$-NN

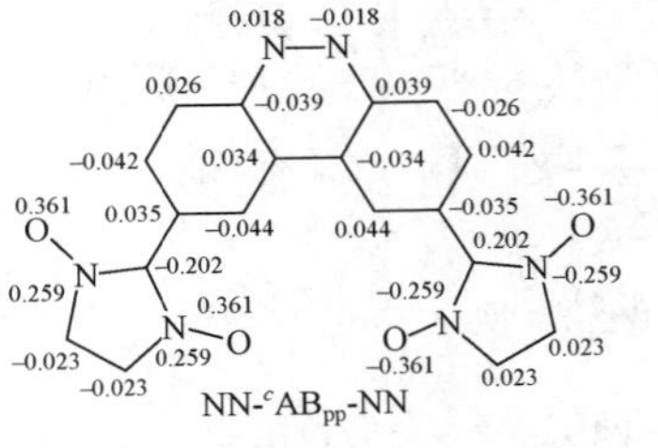

NN-^{c}AB$_{pp}$-NN

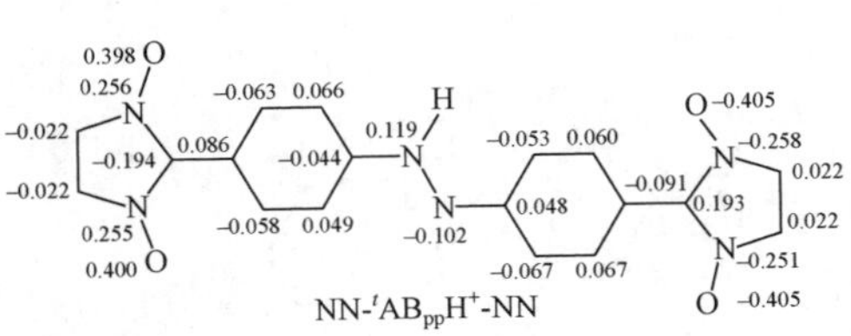

NN-^{t}AB$_{pp}$H$^+$-NN

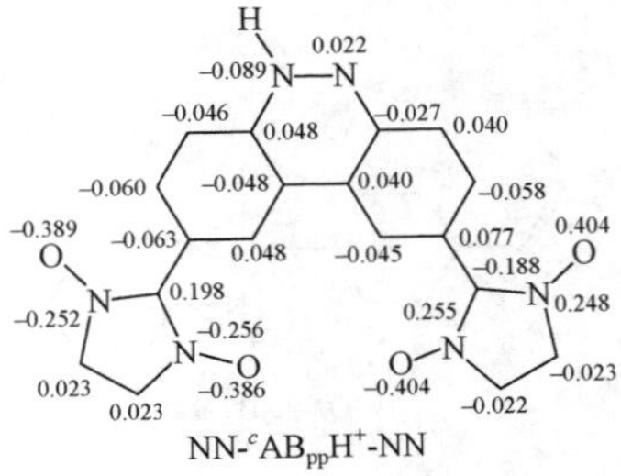

NN-^{c}AB$_{pp}$H$^+$-NN

图 5-6　十对双自由基分子质子化前后密立根自旋密度分布对比图（续）

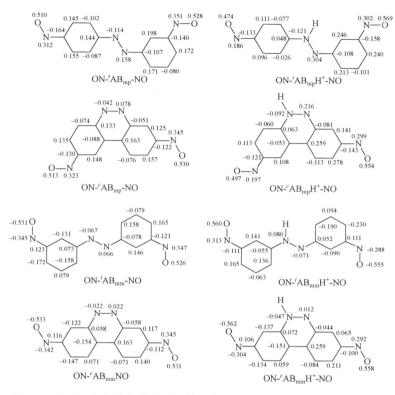

图 5-6　十对双自由基分子质子化前后密立根自旋密度分布对比图（续）

　　类似地，对于顺式双自由基 ON-^{c}AB$_{pp}$-NO 和 ON-^{c}AB$_{pp}$H$^+$-NO，如图 5-5（a）所示，其中未质子化单自由基硝基氧基团自旋密度分布为 82.2%，而质子化单自由基分布只有 55.7%，再次证明质子化可以极大地促进自旋极化，从而促进 ON-^{c}AB$_{pp}$H$^+$-NO 的磁耦合相互作用。一致地，对于 ON-^{c}AB$_{pp}$-NO 其自旋中心的自旋密度分布也大于 ON-^{t}AB$_{pp}$H$^+$-NO（图 5-6）。与各自的反式异构体 ON-^{t}AB$_{pp}$-NO 和 ON-^{t}AB$_{pp}$H$^+$-NO 相比，ON-^{c}AB$_{pp}$-NO 和 ON-^{c}AB$_{pp}$H$^+$-NO 其|J|值的减小是因为两双自由基较差的平面性而导致自旋极化降低。

　　为了更好地理解自旋极化对磁性耦合及其磁性增强的影响，我们探究了两反式双自由基其|J|值与扭转角（ONCC）之间的相关性，如图 5-7 所示。从图中可以看出随着两扭转角 ONCC 的增大，ON-^{t}AB$_{pp}$-NO 和 ON-^{t}AB$_{pp}$H$^+$-NO 的|J|值大幅度减小。特别是，当两扭转角增加到 90°时，耦合单元与自由基基团彼此垂直，两者之间的 π 共轭结构遭到破坏从而完全抑制自旋极化的发

生，结果 J 值变为零。从自旋密度图 5-8 可以看出，当扭转角为 90° 时，通过耦合单元反式偶氮苯和质子化反式偶氮苯的自旋极化急剧下降甚至变为零，即耦合单元对两自由基基团之间的磁耦合相互作用没有贡献，这一结果表明自旋极化在控制磁耦合方面起关键作用。此外，当扭转角为 80° 时，将 ON-^{t}AB$_{pp}$-NO 和 ON-^{t}AB$_{pp}$H$^+$-NO 的自旋密度图进行比较（图 5-9），发现双自由基 ON-^{t}AB$_{pp}$H$^+$-NO 其较强的自旋极化会产生显著增强的磁性耦合，这也证实了上面解释的合理性。以此类推，可以理解随着两扭转角 ONCC 的同步改变，ON-^{t}AB$_{pp}$H$^+$-NO 的 $|J|$ 值总是高于 ON-^{t}AB$_{pp}$-NO（图 5-7）。

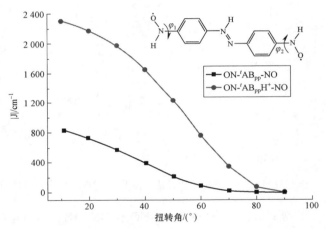

图 5-7　两反式双自由基其 $|J|$ 值与扭转角 ONCC 之间的关系

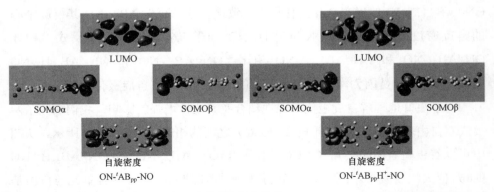

图 5-8　当 ONCC 为 90° 时，两反式双自由基的 SOMOs，LUMO 以及自旋密度图

图 5-9　当 ONCC 变化时，两反式双自由基的 SOMOs、LUMO 以及自旋密度图

　　有趣的是，向耦合单元引入质子不仅可以促进自旋极化还可以促进电荷离域。这是因为质子携带的正电荷具有强吸电子效应，可以诱导自旋中心的单电子离域到亚苯基环进一步到偶氮单元。也就是说，质子携带的正电荷对两自旋中心的单电子吸引较强，可以拉近两自旋中心之间的距离，从而促进

磁耦合相互作用。由质子化诱导的电荷离域可通过原子 NBO 电荷分布定量说明，为方便起见，我们采用逆向思维，即偶氮单元上正电荷的削弱是由正电荷转移或者离域到亚苯基环进一步到硝基氧基团。如图 5-10 所示，相对于硝基氧基团，ON-^{t}AB$_{pp}$H$^+$-NO 和 ON-^{c}AB$_{pp}$H$^+$-NO 中的正电荷主要转移到其邻对位的碳原子上，然后沿着 π-共轭的亚苯基环及其氢原子进一步离域到硝基氧基团。具体而言，在 ON-^{t}AB$_{pp}$H$^+$-NO 中，37.6%的正电荷位于偶氮单元上的氢原子，电荷离域到左右硝基氧苯基（HON-phenylene）的百分比分别为 37.6% 和 24.7%；在 ON-^{c}AB$_{pp}$H$^+$-NO 中，电荷离域稍微减小，即 40.7%的正电荷位于偶氮单元上的氢原子，电荷离域到左右 HNO-phenylene 的百分比分别为 32.8%和 26.5%，所有相应的数据在图 5-11 中给出。此外，与 ON-^{t}AB$_{pp}$-NO 相同的跃迁相比，ON-^{t}AB$_{pp}$H$^+$-NO 的紫外可见光谱发生红移，这也是质子化导致电荷离域的明显体现（图 5-12）。相应地，质子化引发的电荷离域极大地增强了质子化双自由基 ON-^{t}AB$_{pp}$H$^+$-NO 和 ON-^{c}AB$_{pp}$H$^+$-NO 的磁耦合相互作用。

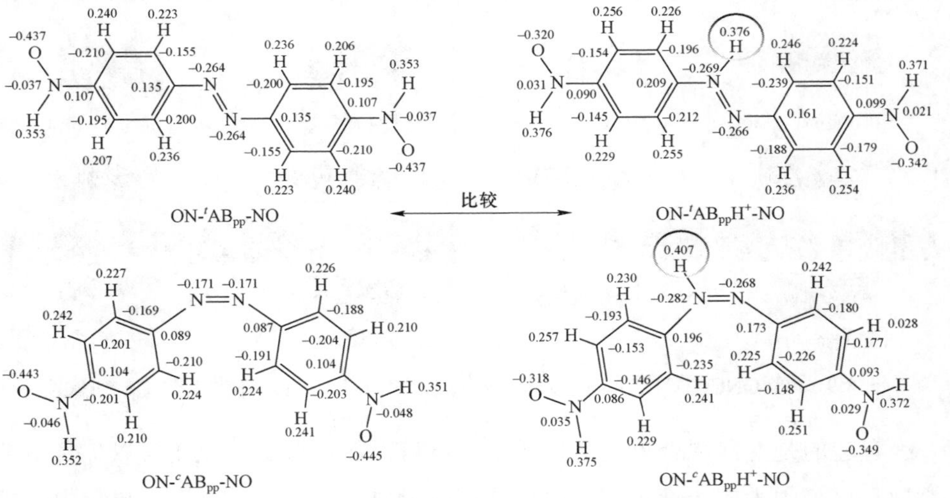

图 5-10　反式双自由基以及顺式双自由基相应原子 NBO 电荷分布对比图

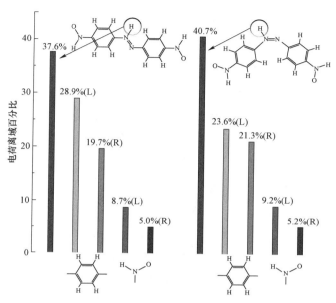

图 5-11　双自由基中质子化诱导电荷离域到左右亚苯基环与硝基氧基团的百分比

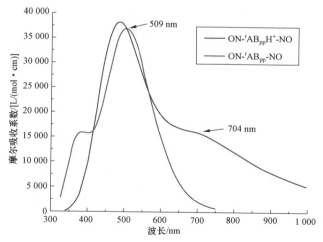

图 5-12　两反式双自由基 ON-^{r}AB$_{pp}$-NO 和 ON-^{r}AB$_{pp}$H$^+$-NO 的紫外可见光谱图

5.3.3　耦合单元 LUMO 的作用

为了进一步探索可以直接影响自旋极化或电荷离域的关键因素，我们还

讨论了耦合单元偶氮苯和质子化偶氮苯的轨道特性，包括 LUMO 的作用以及轨道能级。据报道，耦合单元的性质可以决定两自由基团之间的磁耦合相互作用。因此，有必要分析耦合单元的轨道特性和轨道能级，去进一步了解上面两对双自由基的磁性耦合以及质子诱导的磁性增强。特别是，从图 5-7 和图 5-8 可观察到，当 ON-^{t}AB$_{pp}$H$^+$-NO 和 ON-^{c}AB$_{pp}$H$^+$-NO 的 SOMOs 主要位于自由基基团并与耦合单元的 LUMO 垂直时，两双自由基的磁耦合常数迅速下降到零。理论上，如果没有耦合单元 LUMO 的调节作用，二者的磁耦合常数应该不会发生变化。事实上，计算结果已证实耦合单元其 LUMO 参与两硝基氧自由基之间的磁耦合相互作用。从图 5-8 和图 5-9 可以看出，随着两扭转角的增大，ON-^{t}AB$_{pp}$H$^+$-NO 和 ON-^{c}AB$_{pp}$H$^+$-NO 中两自由基基团其 SOMOs 与耦合单元的 LUMO 匹配性较差，从而影响通过耦合单元的自旋极化如自旋密度图所示，该现象明显表明耦合单元偶氮苯和质子化偶氮苯可以通过其 LUMO 有效调节两硝基氧基团的自旋极化和磁耦合作用。当扭转角较大时，两硝基氧基团的 SOMOs 与耦合单元 LUMO 之间共轭性较差，较弱的自旋极化产生较小的 $|J|$ 值；而当扭转角足够小时，SOMOs 与 LUMO 之间共轭性较好，从而产生较强的耦磁合相互作用。该结果表明通过其 LUMO，耦合单元在两自由基基团之间的磁耦合方面起很强的调节作用，这一发现可以通过下面的轨道相互作用做进一步说明。

如图 5-13 所示，质子化之后耦合单元的 HOMO 和 LUMO 能级均降低，也就是说，不管是顺式还是反式偶氮苯，引入一个质子不仅可以降低其 HOMO 能级，而且由于较强的电荷离域可更大程度地降低其 LUMO 的 π 反键轨道（图 5-4）能级。具体而言，质子化之后，反式偶氮苯 HOMO 和 LUMO 分别降低了 4.19 和 5.12 eV，顺式偶氮苯 HOMO 和 LUMO 分别降低了 4.92 和 5.38 eV。而研究发现如果自由基基团和耦合单元之间的轨道能级相接近，则二者可以结合形成稳定的双自由基并产生较大的磁耦合相互作用，反之亦然。有趣的是，可以看到耦合单元反/顺偶氮苯与硝基氧基团之间的 HOMO 能级差很小，而质子化反/顺偶氮苯其 LUMO 与硝基氧基团其 HOMO 之间的能级差比较接近（图 5-13），这表明质子化之后耦合单元的 LUMO 很大地参与共轭结构的形成从而促进磁耦合作用。一方面，质子化耦合单元其 LUMO 很强的调节作用可以促进自旋极化。另一方面，质子化耦合单元拥有较低的 LUMO 能级有利于两自旋中心发生磁交换耦合作用。因此，可以理解质子化双自由基 ON-^{t}AB$_{pp}$H$^+$-NO 和 ON-^{c}AB$_{pp}$H$^+$-NO 的自旋耦合分别大于相应的未质子化双自由基 ON-^{t}AB$_{pp}$-NO 和 ON-^{c}AB$_{pp}$-NO。简言之，质子诱导的磁性增强主要是因为桥连两自由基基团的耦合单元偶氮苯很强的调节作用，质子化之后耦合单元的 LUMO 能级降低促进了磁耦合作用，如图 5-14 所示。

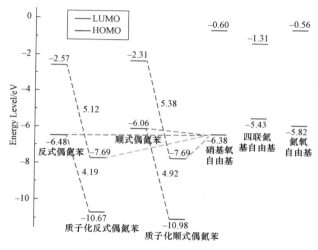

图 5-13 HOMO 与 LUMO 能级

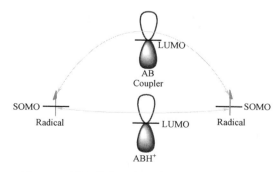

图 5-14 两自旋中心之间的磁交换耦合原理图

分子轨道的位置（SOMO 和 LUMO）大致表示能量的高低。

5.3.4 VER，NN-双自由基

　　为了进一步证明质子化效应对磁耦合作用的影响，还考虑了其他两种常用的自由基基团，VER 和 NN 作为自旋中心连接到耦合单元偶氮苯或质子化偶氮苯对/对位（图 5-1）。如图 5-2 所示，质子化也可以明显增强 VER，NN-双自由基（VER-$^tAB_{pp}$-VER、VER-$^cAB_{pp}$-VER、NN-$^tAB_{pp}$-NN 和 NN-$^cAB_{pp}$-NN）的磁性耦合，但是与 NO-双自由基相比其 |J| 值明显减小。主要原因是 NO 自由基属于定域型自由基有利于自旋离域，较小的尺寸支持其与耦合单元形成共轭结构，而 VER，NN 自由基均为离域型且尺寸较大的自由基，不利于发生从自由基基团到耦合单元的自旋离域。图 5-15 中 VER 与 NN-单自由基其密立根自旋密度分布也说明这一点，即自旋密度主要位于 VER 或 NN 自由基基团，只有很小部分离域到耦合单元。此外，耦合单元与 VER 或 NN 自由基之间轨道能级匹配性较差也不利于磁耦合相互作用（图 5-13）。类似于 NO-双自由基，如图 5-6 所示，质子化 VER，NN-双自由基较强的自旋极化导致较大的自旋耦合，且对双自由基 VER-$^cAB_{pp}H^+$-VER 和 NN-$^cAB_{pp}H^+$-NN 尤为明显。其中本工作未质子化 VER，NN-双自由基其 J 值与文献 142 结果相符，说明计算方法是合理的。

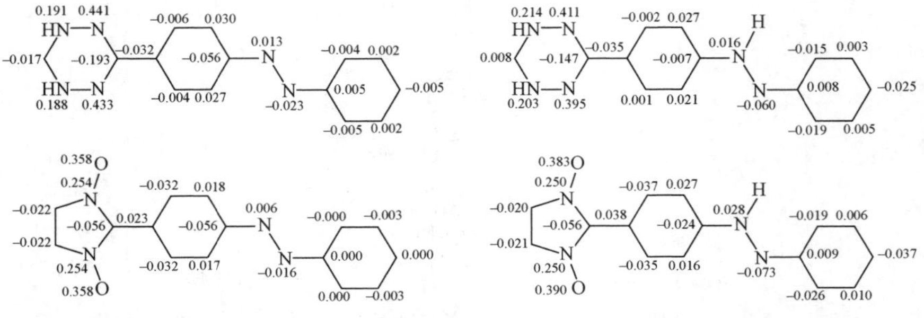

图 5-15　质子化前后 VER 与 NN-单自由基密立根自旋密度分布对比图

　　进一步选用反/顺偶氮噻吩作为耦合单元，以及亚氨基氮氧自由基（IN）为自旋中心检验质子化对磁耦合作用的影响，包括 pp 与 mp 系列，计算结果证实单质子化偶氮单元 –N＝N– 均可以增强两种类型双自由基（IN-*trans-/cis*-azothiophene-IN）的磁性大小，如表 5-2 所示。

表 5-2　由反/顺偶氮苯或反/顺偶氮噻吩桥连的亚氨基氮氧双自由基其分子结构以及在（U）B3LYP/6-311＋＋G(d,p)水平下，它们的 BS 和 T 态能量值（a.u.），相应的<S²>值，以及磁耦合常数 J 值（cm^{-1}）

分子	结构	能量		J
		<S²>		
		BS	T	
1		−1 174.621 465 1 1.043	−1 174.621 419 0 2.040	−10.1
2		−1 174.974 239 2 1.078	−1 174.974 022 9 2.057	−48.4
3		−1 174.597 546 2 1.041	−1 174.597 530 8 2.039	−3.4
4		−1 174.957 677 7 1.067	−1 174.957 581 3 2.058	−21.3
5		−1 816.148 674 5 1.063	−1 816.148 494 2 2.043	−40.3
6		−1 816.518 486 6 1.165	−1 816.517 717 5 2.061	−188.2
7		−1 816.122 280 9 1.059	−1 816.122 151 8 2.044	−28.7

续表

分子	结构	能量		J
		<S²>		
		BS	T	
8		− 1 816.507 296 1 1.093	− 1 816.507 009 0 2.063	− 64.9
9		− 1 816.148 573 3 1.043	− 1 816.148 602 4 2.046	6.4
10		− 1 816.515 569 7 1.076	− 1 816.515 629 5 2.084	13.0
11		− 1 816.122 748 3 1.043	− 1 816.122 770 1 2.045	4.8
12		− 1 816.504 392 0 1.056	− 1 816.504 422 6 2.058	6.7

5.3.5 连接位置效应

研究人员发现由 mm 型联苯（− 27.8 cm^{-1}）或 mp 型联苯（99.0 cm^{-1}）桥连 NO-双自由基其自旋耦合相比于 pp 型联苯桥连 NO-双自由基（− 408.9 cm^{-1}）大大减小。由此我们以 NO-双自由基为例，通过改变自由基基团的连接方式（包括 pp、mm 以及 mp 系列）讨论质子化对磁耦合作用的影响。对于这三类

NO 双自由基体系，发现质子化前后 pp 系列其 |J| 值均大于 mm 或 mp 系列（图 5-2），依次为 pp＞mp＞mm，与参考文献 19 排序结果非常吻合，三种系列不同的 |J| 值归因于 NO 基团不同连接位点其原子自旋密度分布差别很大。对于质子化双自由基　ON-$^tAB_{mp}H^+$-NO，ON-$^cAB_{mp}H^+$-NO，ON-$^tAB_{mm}H^+$-NO 和　ON-$^cAB_{mm}H^+$-NO，其增强的磁耦合相互作用来源于较强的自旋极化（图 5-6），类似于 ON-$^tAB_{pp}H^+$-NO 和　ON-$^cAB_{pp}H^+$-NO。此外，如表 5-1 所示，我们观察到 NO 基团不同的连接模式不仅可以调控 J 值的大小，还可以改变 J 值的符号，即双自由基由 AFM 耦合（pp 和 mm 系列）转换为 FM 耦合（mp 系列）。值得一提的是，所有这些双自由基它们磁性行为均可以用 SOMO 效应（图 5-4）或自旋交替规则（图 5-16）预测。

另外，发现三种双自由基体系质子化效应的相对大小也可以从不同连接模式其原子自旋密度分布的差异来解释。如图 5-5 所示，质子化前后右亚苯基环对位碳原子自旋密度值远大于间位，因此当另一自由基基团连接到对位时自旋耦合比间位更有利，特别是我们还观察到质子化单自由基对位碳原子自旋密度值更大，所以与 mp 系列双自由基相比，pp 系列其质子化效应更明显。换句话说，尽管质子化偶氮单元可以增强自旋极化，但是并不能显著提高间位的自旋密度分布，因此通过间位通道并不能明显改善自旋传输。即与 AFM 耦合 pp 体系相比，质子化效应对 FM 耦合 mp 体系其磁耦合影响并不明显。

然而，注意到质子化相对效应在这些双自由基体系中事实上是可比的。以 ON-$^tAB_{pp}$-NO/ON-$^tAB_{pp}H^+$-NO、ON-$^cAB_{pp}$-NO/ON-$^cAB_{pp}H^+$-NO，ON-$^tAB_{mp}$-NO/ON-$^tAB_{mp}H^+$-NO 和 ON-$^cAB_{mp}$-NO/ON-$^cAB_{mp}H^+$-NO 四对双自由基为例，质子化之后其 |J| 值分别是质子化之前的 2.5、3.2、1.8 和 5.5 倍。该现象表明尽管 mp 系列双自由基其 |J| 值相对较小，但是相对质子化效应也很明显，尤其对顺式双自由基 ON-$^cAB_{mp}$-NO/ON-$^cAB_{mp}H^+$-NO 尤为显著。

5.3.6　质子化效应可能的应用

考虑到这些双自由基的实际应用，比较了耦合单元与 pp 系列 NO-双自由基的顺反异构化能以及质子化能。发现质子化之后，由反式偶氮苯转变为顺式偶氮苯的异构化能由 0.67 降低到 0.42 eV。类似地，ON-$^tAB_{pp}$-NO 到

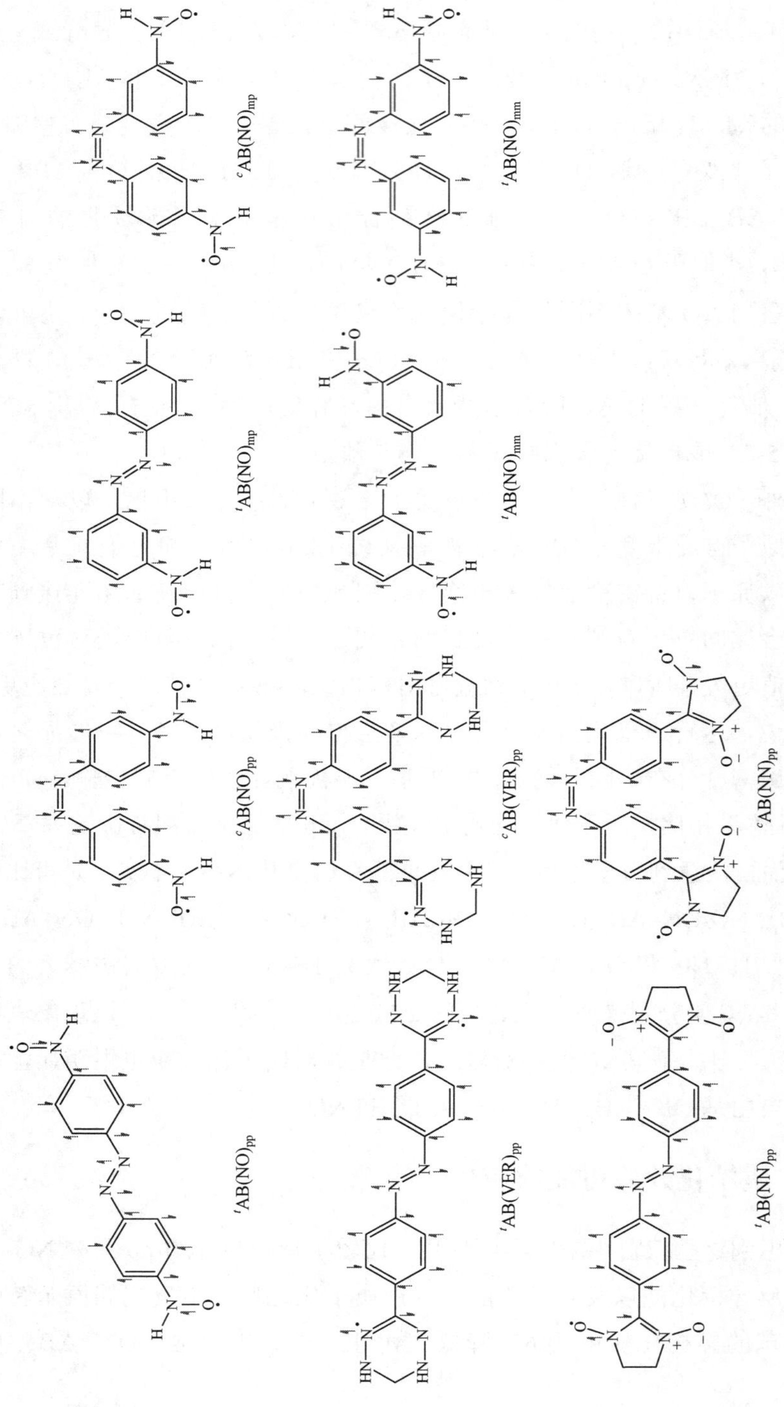

图 5-16　未质子化偶氮苯桥连双自由基的自旋交替图

ON-^{c}AB$_{pp}$-NO 的异构化能质子化之后由 0.77 eV 降低到 0.49 eV。这就表明在酸催化作用下，偶氮苯基分子由反式到顺式的转变更加快速。然而，我们注意到 ON-^{t}AB$_{pp}$-NO/ON-^{c}AB$_{pp}$-NO 以及相应耦合单元（*trans-/cis-AB*）的质子化能都比较大（表 5-3），表明质子化这些偶氮苯基分子可以自发进行，而相应的去质子化过程在气相中却不容易发生。为了解质子化方法更广泛地应用，还将弱酸根离子 NH$_4^+$ 和 H$_3$O$^+$作为质子化介质检验其对双自由基 ON-^{t}AB$_{pp}$-NO 磁耦合作用的影响，优化结果均为质子转移结构 NH$_3\cdots$ON-^{t}AB$_{pp}$H$^+$-NO 和 H$_2$O$\cdots$ON-^{t}AB$_{pp}$H$^+$-NO，其 J 值分别为 $-1\,620.2$ cm^{-1} 和 $-1\,676.0$ cm^{-1}（表 5-1），稍微小于 ON-^{t}AB$_{pp}$H$^+$-NO（$-1\,787.1$ cm^{-1}），这是因为 NH$_3\cdots$ON-^{t}AB$_{pp}$H$^+$-NO 和 H$_2$O$\cdots$ON-^{t}AB$_{pp}$H$^+$-NO 中额外的氢键（ABH$^+\cdots$NH$_3$ 和 ABH$^+\cdots$OH$_2$）稍微降低了质子化质子的酸度。以上结果表明在反/顺偶氮苯桥连双自由基中，单质子化偶氮单元在热力学上是有利的，并且可以增强磁性耦合。然而，发现当双质子化偶氮单元时 ON-^{t}AB$_{pp}$-NO 和 ON-^{c}AB$_{pp}$-NO 磁性均消失，表明双质子化偶氮单元在热力学上是不利的。据报道，分子开关可以从一个状态转换到另一个状态，并通过外界刺激改变它们的物理或者化学特性。因此，本工作研究的每一对双自由基分子，基于质子化前后其磁性大小的不同，可用于分子开关的设计。当然，这些由质子化实现磁性调控的偶氮苯桥连双自由基在数据存储设备，分子电子学等领域也很有吸引力。

表 5-3　在（U）**B3LYP/6-311＋＋G(d,p)**水平下，耦合单元与 **pp** 系列 NO-双自由基的能量及其顺反异构化能与质子化能。

耦合单元和双自由基	能量/a.u.	异构化能垒/eV	质子化能/eV
trans-AB	$-572.908\,160\,0$	0.67	9.94
cis-AB	$-572.883\,574\,1$		10.19
trans-ABH$^+$	$-573.273\,623\,4$	0.42	
cis-ABH$^+$	$-573.258\,028\,0$		
ON-^{t}AB$_{pp}$-NO	$-832.803\,935\,1$	0.77	10.16
ON-^{t}AB$_{pp}$H$^+$-NO	$-833.177\,469\,9$	0.49	
ON-^{c}AB$_{pp}$-NO	$-832.775\,779\,9$		10.44
ON-^{c}AB$_{pp}$H$^+$-NO	$-833.159\,505\,6$		

5.4 小 结

本工作主要讨论了十对反/顺偶氮苯桥连双自由基的磁性行为和质子诱导的磁性增强，其中以 NO、VER 或 NN 基团作为自旋中心，偶氮苯其偶氮单元—N＝N—可经过单质子化过程转变为相应的质子化对应物，反之亦然。有趣的发现如下：① 尽管每对双自由基的磁耦合常数 J 其符号没有发生变化，但其大小质子化之后明显增加，即质子化前后对于反式硝基氧双自由基由 $-716.4\ cm^{-1}$ 变为 $-1\,787.1\ cm^{-1}$，而对于顺式硝基氧双自由基则由 $-388.1\ cm^{-1}$ 变为 $-1\,227.9\ cm^{-1}$。换言之，质子化偶氮单元可以明显增强通过偶氮苯桥连的两自旋中心之间的磁耦合，但是并不能引起自旋态或磁性转换；② 质子化诱导明显增强的磁性大小主要是因为两自由基基团之间耦合单元偶氮苯很强的调节能力，质子化之后耦合单元的 LUMO 能级降低促进了磁耦合作用。质子化反式偶氮苯双自由基的平面结构，以及质子化顺式偶氮苯双自由基减小的扭转角 CCNN 可引起显著的磁性增强。质子化不仅可支持自由基基团与耦合单元之间 π 共轭结构的形成，并通过降低耦合单元偶氮苯其 LUMO 的能级为自旋传输创造了一个非常有利的条件，促进了由自由基基团到耦合单元的自旋极化和电荷离域从而有效增强自旋耦合相互作用；（3）对于具有不同自旋中心或自由基基团不同连接模式的其他偶氮苯桥连双自由基，也可以观察到相同的自旋耦合规律。此外，计算结果还表明质子化这些双自由基体系的偶氮单元在热力学上是有利的，因此其相应的去质子化过程是可以控制的。显然，每对质子化调控的偶氮苯桥连双自由基可作为候选分子用于合理设计磁性分子开关或数据存储器件。

第6章
席夫碱桥连双自由基：质子诱导法 增强磁性耦合并与二苯乙烯、偶氮 苯桥连双自由基比较

6.1 引 言

由于在医学、催化、分析化学与光致变色方面的应用，席夫碱及其金属配合物引起了实验学家和理论学家的广泛关注。芳香性席夫碱具有较好的稳定性、光学与电学性质，是被研究最多的化合物之一。亚苄基苯胺（BA）是一种芳香性希夫碱，在化学和生物化学中具有重要研究意义，属于含有碳氮双键（—CH＝CH—）的化合物家族。作为一种重要的有机光电化合物，亚苄基苯胺及其衍生物引起科研人员极大的兴趣。据报道，亚苄基苯胺及其衍生物可以表现出良好的非线性光学特性。特别是，在光激发作用下，亚苄基苯胺及其衍生物其稳定的反式构型与亚稳态顺式构型之间可经历可逆的反/顺异构体转变。基于这种光致变色性质，Luo 等人根据理论计算和核磁共振光谱学实验系统地研究了取代和溶剂效应对亚苄基苯胺顺/反热异构化动力学的影响。此外，Kawatsuki 等人合成了两种携带亚苄基苯胺衍生物侧基的聚甲基丙烯酸酯，依赖于亚苄基苯胺衍生物侧基的光致变色行为和连接方向，探讨了它们的轴向选择性光反应和光致取向。更有趣的是，亚苄基苯胺与含有碳氮双键（—CH＝CH—）的二苯乙烯和含有氮氮双键（—N＝N—）的偶氮苯

（AB）这两种光致变色分子结构相似，且为等电子体。研究表明，二苯乙烯和偶氮苯均可以作为两磁性中心之间优良的耦合单元，在适当波长的光照射下，二苯乙烯或偶氮苯桥连双自由基的磁性会发生改变。亚苄基苯胺桥连双自由基是否也能表现出类似的光诱导行为，目前还没有报道。鉴于此，本工作选择亚苄基苯胺作为目标耦合单元设计新的双自由基并研究它们的磁性。

除光诱导性质外，质子化是修饰亚苄基苯胺及其衍生物非常有效的一种策略。单质子化（质子化亚胺氮）反式亚苄基苯胺已经被实验和理论研究过，证实质子化可以通过去除亚胺氮上的孤对电子而保留其共轭结构。特别是，质子化后反式亚苄基苯胺共轭性增加为其桥连双自由基的自旋传输创造了有利条件。也就是说，质子化可以增强反式亚苄基苯胺桥连双自由基的磁耦合作用。研究表明质子诱导的磁性调控（包括磁性转换、增强或减弱等）在有机体系中很容易实现，可应用于磁性数据存储器方面。上一章我们发现通过对偶氮单元（—N＝N—）质子化后，多对偶氮苯桥连双自由基其磁性均可以增强。

受此启发，本工作主要设计了以反/顺亚苄基苯胺（$trans$-/cis-BA）为耦合单元的双自由基，其中两硝基氧自由基（简写为 NO）相对于亚胺氮单元（—CH＝CH—）连接到两亚苯基的对位（称为 pp 系列），且亚胺氮单元可经过单质子化过程转变为质子化对应物（—CH＝NH$^+$—）。计算结果表明，无论是反式构型还是顺式构型，两个未质子化的 pp 型双自由基 AFM 耦合都比较大，归因于耦合单元 BA 其 HOMO 良好的调节能力。此外，主要的发现是质子化可以显著增强两个 pp 型双自由基的 AFM 耦合。也就是说，不管是反式还是顺式双自由基，质子化之后它们磁交换耦合常数 J 值的符号没有改变，但其大小显著增大。一方面，质子化诱导的磁性增强归因于双自由基几何结构的改变。质子化反式双自由基较好的共轭结构和质子化顺式双自由基两个减小的 CCNC 和 CCCN 扭转角有利于自旋传输，促进自旋极化，从而增强磁耦合作用。另一方面，质子化诱导的磁性增强归因于耦合单元 BA 质子化之后其 LUMO 能级降低，促进磁耦合作用。耦合单元 BA 质子化之后较小的 HOMO-LUMO 能差也有助于解释显著的自旋磁耦合增强。另外，还考虑了两 NO 基团与耦合单元 BA 不同的连接方式，进一步验证质子化可以增强磁耦合作用这一结论。有趣的是，观察到改变两个 NO 基团的连接方式不仅可以调控双自由基 J 值的大小，还可以改变 J 值的符号，即双自由基可以从 AFM 耦合变为 FM 耦合。还比较了等电子体 BA、AB 和二苯乙烯桥连硝基氧双自由基质子化前后的磁耦合强度，发现它们之间存在线性相关性。值得一提的是，所有这些双自由基的磁性行为包括 FM 耦合和 AFM 耦合都可以通过自旋交替规则和 SOMO 效应来预测。本工作为合理设计 BA 桥连调节器或开关拓宽了视野，并进一步表明质子化诱导是增强磁耦合作用的一种有效方法。

6.2 双自由基设计思路与计算细节

本工作选择相对稳定的 NO 基团作为自旋中心，分别将其连接到反/顺 BA 的对位，记为 NO-^{t}(C＝N)-pp（t: trans）和 NO-^{c}(C＝N)-pp（c: cis）。质子化之后，NO-^{t}(C＝N)-pp 和 NO-^{c}(C＝N)-pp 分别转变为 NO-^{t}(C＝NH$^+$)-pp 和 NO-^{c}(C＝NH$^+$)-pp，如图 6-1 所示。此外，为了进一步确认质子化效应对双自由基磁耦合作用的影响，同时考察了不同连接方式对它们磁性特征的影响，即将两 NO 基团连接在反/顺 BA 和 BAH$^+$ 的间/对位（称为 mp 系列）或间/间位（称为 mm 系列），分别记为 NO-^{t}(C＝N)-mp/NO-^{t}(C＝NH$^+$)-mp，NO-^{c}(C＝N)-mp/NO-^{c}(C＝NH$^+$)-mp，NO-^{t}(C＝N)-mm/NO-^{t}(C＝NH$^+$)-mm 和 NO-^{c}(C＝N)-mm/NO-^{c}(C＝NH$^+$)-mm。作为反/顺 BA/BAH$^+$ 桥连 NO 双自由基的等电子体，反/顺 AB/ABH$^+$ 和二苯乙烯桥连 NO 双自由基 pp、mp 和 mm 系列，分别记为 NO-^{t}(N＝N)-pp/NO-^{t}(N＝NH$^+$)-pp，NO-^{c}(N＝N)-pp/NO-^{c}(N＝NH$^+$)-pp，NO-^{t}(N＝N)-mp/NO-^{t}(N＝NH$^+$)-mp，NO-^{c}(N＝N)-mp/NO-^{c}(N＝NH$^+$)-mp，NO-^{t}(N＝N)-mm/NO-^{t}(N＝NH$^+$)-mm，NO-^{c}(N＝N)-mm/NO-^{c}(N＝NH$^+$)-mm，NO-^{t}(C＝C)-pp，NO-^{c}(C＝C)-pp，NO-^{t}(C＝C)-mp，NO-^{c}(C＝C)-mp，NO-^{t}(C＝C)-mm 和 NO-^{c}(C＝C)-mm，如图 6-2 所示。需要指出的是，二苯乙烯桥连 NO 双自由基没有质子化对应物，反/顺 AB/ABH$^+$桥连 NO 双自由基相关数据均来自第 5 章。

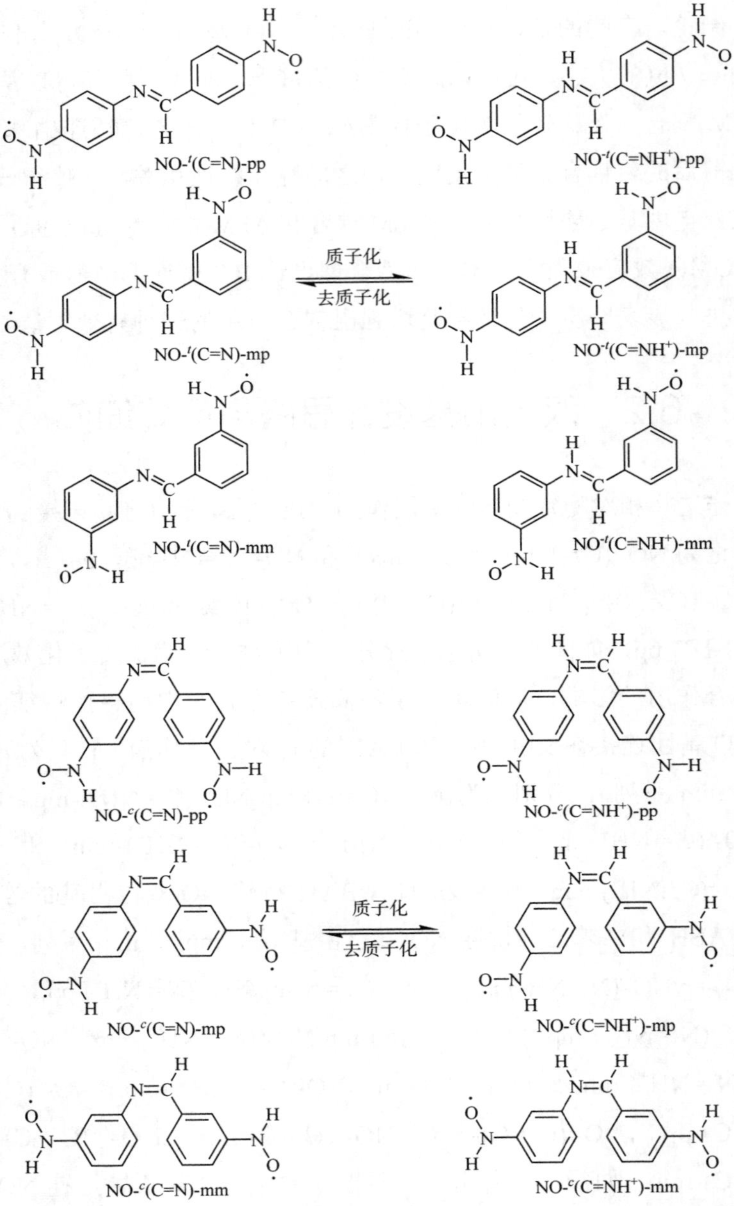

NO-^{t}(C=N)-pp

NO-^{t}(C=NH$^+$)-pp

NO-^{t}(C=N)-mp

质子化
去质子化

NO-^{t}(C=NH$^+$)-mp

NO-^{t}(C=N)-mm

NO-^{t}(C=NH$^+$)-mm

NO-^{c}(C=N)-pp

NO-^{c}(C=NH$^+$)-pp

NO-^{c}(C=N)-mp

质子化
去质子化

NO-^{c}(C=NH$^+$)-mp

NO-^{c}(C=N)-mm

NO-^{c}(C=NH$^+$)-mm

图 6-1 未质子化和质子化反/顺亚苄基苯胺桥连双自由基结构示意图

其中两自由基基团相对于亚胺氮单元连接到两亚苯基的对/对位，间/对位或者间/间位。

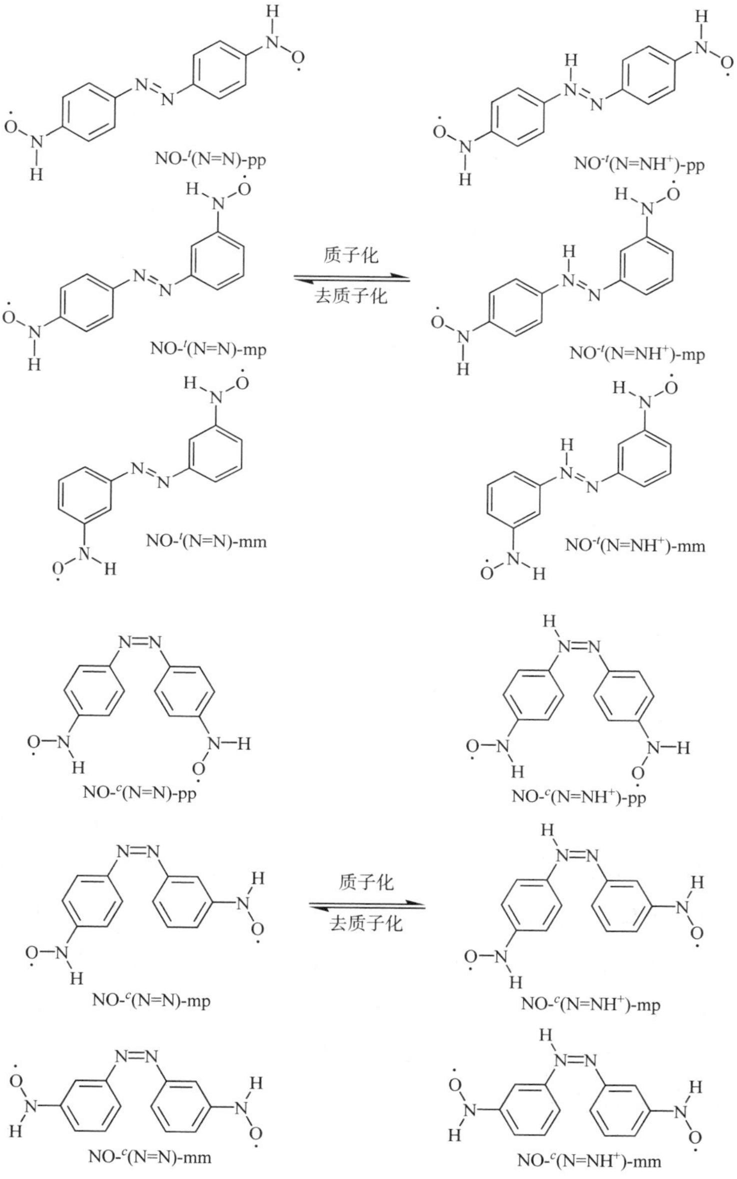

图 6-2　双自由基结构示意图

其中两自由基基团 NO 相对于偶氮单元与乙烯基单元连接到两亚苯基的对/对位，

间/对位或者间/间位。

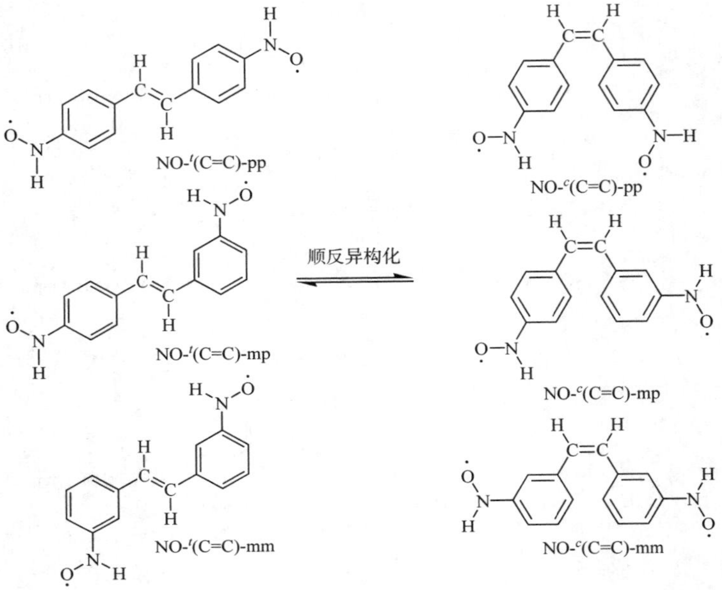

图 6-2 双自由基结构示意图（续）

其中两自由基基团 NO 相对于偶氮单元与乙烯基单元连接到两亚苯基的对/对位，间/对位或者间/间位。

    所有双自由基分子的几何构型优化，频率分析以及能量计算包括闭壳层单重态（CS）、对称性破损开壳层单重态（BS）和三重态（T）均在（U）B3LYP/6-311++G (d,p)水平下进行。此外，还采用一种较现代的密度泛函方法 M06-2X，在 6-311++G (d,p)基组水平下验证上面一些计算结果的准确性。磁交换耦合常数表达式仍为 $J=(E_{BS}\text{-}ET)/(<S^2>_T\text{-}<S^2>_{BS})$，其中 E_{BS} 和 E_T 指 BS 和 T 态能量，而 $<S^2>_{BS}$ 和 $<S^2>_T$ 分别指两自旋态的自旋污染。以上所有计算均利用高斯 09 程序给出。

6.3 结果与讨论

6.3.1 磁耦合特征

    根据耦合单元反/顺 BA 或 BAH⁺与两个 NO 基团不同的连接方式，讨论了

pp、mp 和 mm 三种系列双自由基的磁耦合特征，相应的$|J|$值如图 6-3 所示。不管是未质子化还是质子化双自由基，$|J|$值大小顺序为 pp>mp>mm，其中 pp 和 mm 系列双自由基支持 AFM 耦合，mp 系列双自由基支持 FM 耦合。上述分析表明，NO 基团连接方式的改变不仅会影响双自由基的磁性大小，还会影响其磁性行为。特别是，从图 6-3 可以清楚看出质子化前后 J 值的符号没有发生变化，但质子化后双自由基磁耦合作用显著增强，尤其是 pp 系列较为明显。仔细而言，通过质子化诱导，NO-^{t}（C=N）-pp 其 J 值从 -332.6 cm^{-1} 增加到 -819.0 cm^{-1}（NO-^{t}（C=NH$^+$）-pp）。对于 NO-^{c}（C=N）-pp，质子化引起的磁耦合增强幅度也很明显，$|J|$值增大约为 231 cm^{-1}。如图 6-4（a）所示，三种系列 BA 桥连 NO 双自由基在质子化前后其$|J|$值呈线性相关，其中质子化双自由基的$|J|$值约为未质子化双自由基的 2.43 倍。此外，为了充分说明质子诱导的磁性增加，比较了耦合单元 BA 及其等电子体 AB 和二苯乙烯的自旋磁耦合调节能力，图 6-4 还给出 pp、mp 和 mm 系列 BA、AB 和二苯乙烯桥连 NO 双自由基$|J|$值之间的线性关系。可以看出，单质子化亚胺氮或偶氮单元的确可以增强 BA 或 AB 桥连双自由基的磁耦合作用。从图 6-4（b）中我们观察到反式 AB 桥连双自由基在质子化前后磁耦合强度是反式 BA 桥连双自由基的 2.19 倍，而图 6-4（c）中相应顺式双自由基磁耦合强度增加到 4.06 倍。图 6-4（d）中反/顺二苯乙烯桥连双自由基磁耦合强度是反/顺 BA 桥连双自由基的 1.61 倍。以上结果表明，与 AB 和二苯乙烯相比，BA 具有相对较弱的自旋磁耦合调节能力。然而我们注意到，与 AB 桥连双自由基相比，BA 桥连双自由基的平面性在质子化后可以大大提高，特别是对于反式双自由基尤为明显，故质子化诱导可以促进自旋磁耦合作用。以上所观察到的现象，包括质子诱导的磁性增强、NO 基团三种不同连接方式或不同耦合单元桥连双自由基其磁耦合差异均可以借助双自由基结构特征加以解释。下面讨论主要以 pp 系列双自由基为例进行说明。在（U）B3LYP/6-311++G(d, p)水平下，双自由基分子 CS、BS 及 T 态能量，<S^2>值，以及 J 值列于表 6-1 中，部分计算结果在 (U)M06-2X/ 6-311++G (d,p)水平下进行了验证列于表 6-2 中。

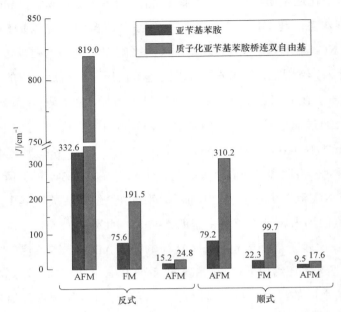

图 6-3　未质子化和质子化亚苄基苯胺桥连双自由基的磁耦合常数 |J| 值

从左到右依次为反式双自由基 NO-^{t}(C=N)-pp/NO-^{t}(C=NH$^+$)-pp、NO-^{t}(C=N)-mp/ NO-^{t}(C=NH$^+$)-mp 和
NO-^{t}(C=N)-mm/NO-^{t}(C=NH$^+$)-mm，以及相应的顺式双自由基 NO-^{c}(C=N)-pp/NO-^{c}(C=NH$^+$)-pp，
NO-^{c}(C=N)-mp/NO-^{c}(C=NH$^+$)-mp 和 NO-^{c}(C=N)-mm/NO-^{c}(C=NH$^+$)-mm；其中 pp 和 mm 系列双自由基表现为
AFM 耦合，而 mp 系列双自由基表现为 FM 耦合。

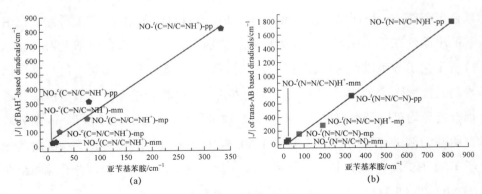

图 6-4　质子化诱导促进自旋磁耦合

（a）亚苄基苯胺桥连硝基氧三系列双自由基质子化前后 |J| 值之间的线性关系；

（b）反式亚苄基苯胺与相应反式偶氮苯桥连硝基氧三系列双自由基质子化前后 |J| 值之间的线性关系。

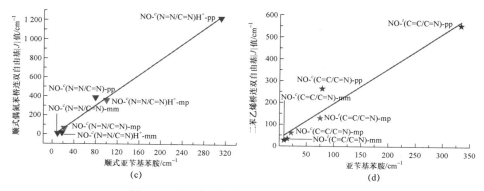

图 6-4 质子化诱导促进自旋磁耦合（续）

（c）顺式亚苄基苯胺与相应顺式偶氮苯桥连硝基氧三系列双自由基质子化前后|J|值之间的线性关系；

（d）反/顺亚苄基苯胺与相应反/顺二苯乙烯桥连硝基氧三系列双自由基|J|值之间的线性关系。

表 6-1 （U）B3LYP/6-311 ++ G(d,p)水平下，未质子化和质子化反/顺亚苄基苯胺、偶氮苯和二苯乙烯桥连硝基氧三系列双自由基其 CS、BS 和 T 态能量（a.u.），<S^2>值，以及 J 值（cm^{-1}）。

双自由基分子	$E_{(CS)}$	$E_{(BS)}$(<S^2>)	$E_{(T)}$(<S^2>)	J/cm^{-1}
NO-^{t}(C = N)-pp	− 816.767 372 8	− 816.786 558 7(1.023)	− 816.785 035 8(2.027)	− 332.6
NO-^{t}(C = NH$^+$)-pp	− 817.151 986 4	− 817.164 950 5(0.958)	− 817.160 969 3(2.024)	− 819.0
NO-^{c}(C = N)-pp	− 816.754 758 4	− 816.774 439 2(1.028)	− 816.774 076 9(2.031)	− 79.2
NO-^{c}(C = NH$^+$)-pp	− 817.141 954 6	− 817.155 586 9(0.990)	− 817.154 117 1(2.029)	− 310.2
NO-^{t}(C = N)-mp	− 816.735 873 0	− 816.783 919 0(1.027)	− 816.784 267 7(2.038)	75.6
NO-^{t}(C = NH$^+$)-mp	− 817.112 418 9	− 817.152 270 6(1.027)	− 817.153 166 4(2.053)	191.5
NO-^{c}(C = N)-mp	− 816.726 136 5	− 816.772 234 7(1.029)	− 817.772 336 9(2.032)	22.3
NO-^{c}(C = NH$^+$)-mp	− 817.099 715 1	− 817.144 013 4(1.026)	− 817.144 474 4(2.040)	99.7
NO-^{t}(C = N)-mm	− 816.730 659 1	− 816.782 563 9(1.030)	− 816.782 494 6(2.027)	− 15.2
NO-^{t}(C = NH$^+$)-mm	− 817.102 031 5	− 817.154 085 5(1.030)	− 817.153 973 2(2.032)	− 24.8
NO-^{c}(C = N)-mm	− 816.726 114 3	− 816.772 416 9(1.028)	− 816.772 373 6(2.028)	− 9.5
NO-^{c}(C = NH$^+$)-mm	− 817.101 109 3	− 817.144 290 2(1.028)	− 817.144 209 8(2.027)	− 17.6
NO-^{t}(N = N)-pp	− 832.791 220 9	− 832.803 935 1(1.016)	− 832.800 635 4(2.026)	− 716.4
NO-^{t}(N = NH$^+$)-pp	− 833.173 625 6	− 833.177 469 9(0.750)	− 833.167 063 1(2.027)	− 1 787.1
NO-^{c}(N = N)-pp	− 832.743 363 3	− 832.775 779 9(1.052)	− 832.774 049 2(2.030)	− 388.1
NO-^{c}(N = NH$^+$)-pp	− 833.139 249 1	− 833.159 505 6(0.613)	− 833.151 537 8(2.036)	− 1 227.9
NO-^{t}(N = N)-mp	− 832.751 987 7	− 832.799 384 7(1.029)	− 832.800 117 9(2.054)	156.9
NO-^{t}(N = NH$^+$)-mp	− 833.130 397 5	− 833.158 844 6(1.044)	− 833.160 173 0(2.102)	275.3
NO-^{c}(N = N)-mp	− 832.726 085 8	− 832.773 190 0(1.032)	− 832.773 493 5(2.047)	65.6
NO-^{c}(N = NH$^+$)-mp	− 833.110 240 5	− 833.140 974 2(1.038)	− 833.142 727 6(2.100)	362.1

111

续表

双自由基分子	$E_{(CS)}$	$E_{(BS)}(<S^2>)$	$E_{(T)}(<S^2>)$	J/cm^{-1}
NO-^{t}(N=N)-mm	−832.743 420 3	−832.796 112 8(1.038)	−832.795 922 5(2.027)	−42.2
NO-^{t}(N=NH$^+$)-mm	−833.105 487 3	−833.152 660 5(1.056)	−833.152 358 5(2.033)	−67.8
NO-^{c}(N=N)-mm	−832.721 377 7	−832.771 613 3(1.030)	−832.771 570 7(2.027)	−9.4
NO-^{c}(N=NH$^+$)-mm	−833.091 130 4	−833.136 562 0(1.041)	−833.136 485 8(2.036)	−16.8
NO-^{t}(C=C)-pp	−800.723 834 2	−800.741 305 0(1.023)	−800.738 764 5(2.026)	−555.4
NO-^{c}(C=C)-pp	−800.712 170 9	−800.732 219 5(1.029)	−800.731 012 5(2.028)	−264.9
NO-^{t}(C=C)-mp	−800.689 599 9	−800.737 543 1(1.028)	−800.738 146 7(2.048)	129.8
NO-^{c}(C=C)-mp	−800.682 507 3	−800.730 055 2(1.029)	−800.730 332 5(2.038)	60.3
NO-^{t}(C=C)-mm	−800.685 328 5	−800.736 907 9(1.036)	−800.736 753 9(2.027)	−34.1
NO-^{c}(C=C)-mm	−800.683 469 8	−800.729 055 9(1.030)	−800.728 931 8(2.027)	−27.3

表 6-2　（U）M06-2X/6-311＋＋G(d,p)水平下，未质子化和质子化反式亚苄基苯胺桥连硝基氧三系列双自由基其 BS 和 T 态能量（a.u.），<S^2>值，以及 J 值（cm^{-1}）。

双自由基分子	$E_{(BS)}(<S^2>)$	$E_{(T)}(<S^2>)$	J/cm^{-1}
NO−^{t}(C=N)−pp	−816.441 489 2(1.035)	−816.440 904 5(2.028)	−129.1
NO−^{t}(C=NH$^+$)−pp	−816.809 680 9(1.050)	−816.808 086 3(2.034)	−355.4
NO−^{t}(C=N)−mp	−816.440 271 6(1.026)	−816.440 421 4(2.031)	32.7
NO−^{t}(C=NH$^+$)−mp	−816.799 714 0(1.026)	−816.800 054 2(2.039)	73.6
NO−^{t}(C=N)−mm	−816.439 473 2(1.027)	−816.439 441 2(2.025)	−7.0
NO−^{t}(C=NH$^+$)−mm	−816.803 416 1(1.024)	−816.803 357 9(2.024)	−12.8

　　值得一提的是,实验上已成功合成了一个具有代表性的反式 AB 桥连双自由基,其中两个氮氧自由基作为自旋中心连接在反式 AB 的间/对位上。磁化率测量表明,两个自旋中心以铁磁性方式耦合,这与本工作所计算的反式 AB 或反式 BA 桥连 mp 系列双自由基的 J 值符号一致。此外,Iwamura 等人探究了反/顺二苯乙烯桥连苯氧基双自由基的磁耦合,发现反式或顺式 mm 系列双自由基均表现为反铁磁耦合,两异构体之间的单-三重态能量差（$\Delta E_{S-T} = 2J$）范围为 $0 > \Delta E_{S-T} > −35$ cal/mol（1 cal＝4.184 J）。该文献所报道的 J 值大小和符号与本工作研究的顺式或反式二苯乙烯桥连 mm 系列双自由基双基一致。以上结果表明采用 B3LYP 方法计算是合理的。

6.3.2　分子结构

　　众所周知,双自由基的磁耦合强度与其结构特征直接相关,一般来说双

自由基的|J|值会随着二面角的增大而急剧减小。图 6-5 的几何优化表明三系列未质子化反式或顺式双自由基耦合单元 BA 桥连两 NO 基团所在平面都是非平面的。对于反式双自由基 NO-^{t}(C＝N)-pp、NO-^{t}(C＝N)-mp 和 NO-^{t}(C＝N)-mm，结构的扭曲归因于亚胺氮单元中氢原子和苯环上氢原子之间的排斥。质子化之后，反式双自由基其亚胺氮单元的 C—N 键长度被拉长，故亚胺氮单元中氢原子和苯环上氢原子之间的斥力大大减弱。结果对于质子化双自由基 NO-^{t}(C＝NH$^+$)-mm，硝基氧苯基（HON-phenylene）单元和亚胺氮单元之间 CCNC 扭转角(φ_1) 减小，NO-^{t}(C＝NH$^+$)-mp 中 φ_1 接近于零，NO-^{t}(C＝NH$^+$)-pp 中 φ_1 等于零，为自旋传输提供了有利条件从而促进磁耦合作用。例如质子化之后 NO-^{t}(C＝N)-pp 的 φ_1 由 29.9°变为 0°（图 6-5），对应较大的|J|值。而对于顺式双自由基 NO-^{c}(C＝N)-pp、NO-^{c}(C＝N)-mp 和 NO-^{c}(C＝N)-mm，硝基氧苯基单元与亚胺氮单元所在平面有扭转，二面角 CNCC(φ_{CNCC})不为零，质子化之后，该二面角反而增大，但另外两扭转角 CCNC(φ_2) 和 CCCN(φ_3)均减小，可以促进自旋极化从而增强自旋磁耦合作用。例如质子化之后 NO-^{c}(C＝N)-pp 的 φ_{CNCC} 从 9.4°变为 15.3°，而扭转角 φ_2 从 60.6°减小为 40.9°，φ_3 从 18.4°减小为 12.7°（图 6-5），结果 NO-^{c}(C＝NH$^+$)-pp 较好的共轭性对应越大的|J|值。此外，不论是未质子化还是质子化双自由基，我们观察到 pp、mp 和 mm 系列反式双自由基磁耦合作用随扭转角 φ_1 增大而依次减弱，顺式双自由基磁耦合

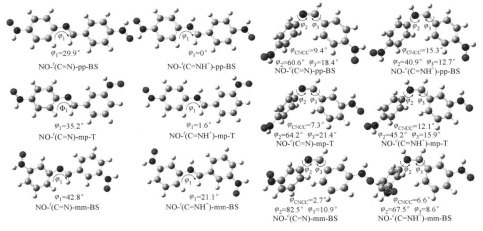

图 6-5　质子化前后反/顺亚苄基苯胺桥连硝基氧
三系列双自由基基态优化结构

作用也随扭转角φ_2和φ_3增大而依次减弱。例如，NO-^{t}(C＝N)-pp、NO-^{t}(C＝N)-mp 和 NO-^{t}(C＝N)-mm 扭转角φ_1分别为 29.9°，35.2°和 42.8°，相应$|J|$值分别为 332.6、75.6 和 15.2 cm^{-1}，依次减弱。

对于等电子体反/顺 BA/BAH$^+$、AB/ABH$^+$和二苯乙烯桥连 NO 三系列双自由基，磁性大小顺序为 NO-(N＝N)>NO-(C＝C)>NO-(C＝N)或 NO-(N＝NH$^+$)>NO-(C＝NH$^+$)。这些反式双自由基的磁性差异主要是由于连接耦合单元和自由基的连接键键长不同，如图 6-6 所示。AB/ABH$^+$桥连双自由基较短的连接键长为磁耦合作用提供了有利条件，而较长的连接键长则不利于磁耦合作用。例如 NO-^{t}(N＝N)-pp、NO-^{t}(C＝C)-pp 和 NO-^{t}(C＝N)-pp 的连接键长依次为 1.382、1.385 和 1.389 Å，相应的$|J|$值为 716.4、555.4 和 332.6 cm^{-1}，表现为负相关。当然，NO-^{t}(C＝N)-pp 的非平面结构也是其$|J|$值较小的重要因素。类似的，NO-^{t}((N＝NH$^+$))-pp 和 NO-^{t}(C＝NH$^+$)-pp 的连接键长分别为 1.370 Å 和 1.381 Å，相应的$|J|$值为 1 787.1 和 819.0 cm^{-1}。顺式双自由基的磁性差异主要与共轭性有关。AB/ABH$^+$或二苯乙烯桥连双自由基共轭性较好，自旋磁耦合作用较强，而 BA/BAH$^+$桥连双自由基共轭性较差，自旋磁耦合作用较弱。例如 NO-^{c}(N＝N)-pp、NO-^{c}(C＝C)-pp 和 NO-^{c}(C＝N)-pp 的扭转角φ_4、φ_6和φ_2分别为 39.8°、29.3°和 60.6°，相应的$|J|$值为 388.1、264.9 和 79.2 cm^{-1}。类似地，NO-^{c}(N＝NH$^+$)-pp 和 NO-^{c}(C＝NH$^+$)-pp 的扭转角φ_4和φ_2分别为 2.2°和 40.9°，相应的$|J|$值为 1 227.9 和 310.2 cm^{-1}。

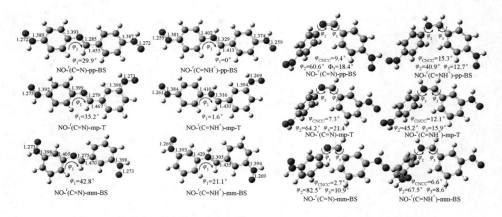

图 6-6　优化得到的所有双自由基分子基态的结构以及主要结构参数

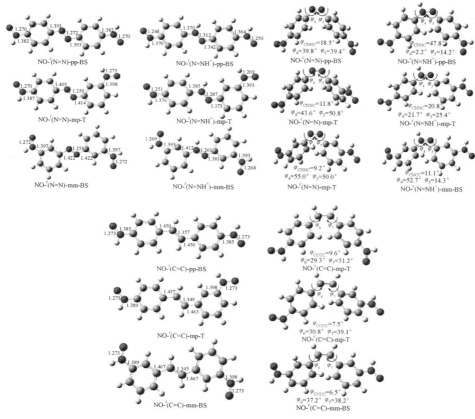

图6-6 优化得到的所有双自由基分子基态的结构以及主要结构参数（续）

6.3.3 自旋极化

除了分子结构外，自旋极化在阐明 π 共轭双自由基的磁耦合强度方面也非常关键。基于密立根原子自旋密度分布，质子化诱导的磁性增强可以借助由 NO 基团到耦合单元 BAH⁺ 的自旋极化作定量解释。此外，BA/BAH⁺ 桥连三系列双自由基的 $|J|$ 值差异也与原子自旋密度分布不同有关。如图 6-7 所示，三系列质子化双自由基中离域到耦合单元的平均自旋密度均大于未质子化双自由基。具体而言，对于未质子化反式双自由基 NO-^{t}(C＝N)-pp、NO-^{t}(C＝N)-mp 和 NO-^{t}(C＝N)-mm，分别有 17.4%、13.7%和 12.3%的自旋密度离域到耦合单元上，而对于质子化反式双自由基 NO-^{t}(C＝NH⁺)-pp、NO-^{t}(C＝NH⁺)-mp 和

NO-^{t}(C $=$ NH$^+$)-mm，自旋极化离域百分比显著提高，分别达到 26.8%、17.4% 和 12.8%。结果，质子化双自由基较大的自旋极化增强了两 NO 基团之间的自旋磁耦合作用。对于顺式双自由基 NO-^{c}(C $=$ N)-pp、NO-^{c}(C $=$ N)-mp 和 NO-^{c}(C $=$ N)-mm，质子化之后自旋极化离域到耦合单元的百分比分别从 15.4%提高到 23.2%、从 13.5%提高到 16.0%，从 12.6%提高到 13.2%，进一步表明质子化可以促进自旋极化效应。总的来说，我们可以得出以下两个结论：① 质子化双自由基呈现出更强的自旋极化，对应较大的|J|值；② 不论是未质子化还是质子化反/顺双自由基，很明显，自旋极化大小顺序为 pp> mp>mm，与对应的|J|值一致。

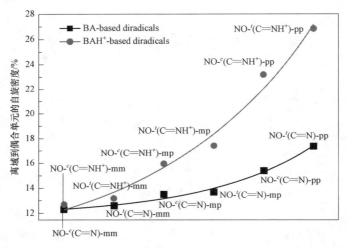

图 6-7　未质子化和质子化反/顺亚苄基苯胺桥连硝基氧三系列双自由基由自旋中心到耦合单元的平均自旋密度离域百分比

类似地，等电子体反/顺 BA/BAH$^+$、AB/ABH$^+$和二苯乙烯桥连三系列双自由基的磁性差异也可以通过自旋极化效应解释。例如对于 NO-^{t}(N $=$ N) -pp、NO-^{t}(C $=$ C) -pp 和 NO-^{t}(C $=$ N) -pp，NO 基团的原子自旋密度分布分别为 82.6%、80.7%和 78.6%，相应|J|值依次为 716.4、555.4 和 332.6 cm^{-1}，说明 NO-^{t}(N $=$ N)-pp 最大的自旋极化能强烈促进两 NO 基团之间的自旋磁耦合，NO-^{t}(C $=$ C)-pp 较大的自旋极化对应中等强度的自旋磁耦合，而 NO-^{t}(C $=$ N)-pp 最小的自旋极化对应最弱的自旋磁耦合。对于 NO-^{t}(N $=$ NH$^+$) -pp 和 NO-^{t}(C $=$ NH$^+$) -pp，分别有 42.4%和 26.8%的自旋密度离域到耦合单元上，

因此，与 NO-^{l}(C=NH$^+$)-pp 相比，NO-^{l}(N=NH$^+$)-pp 较大的自旋极化更有利于磁耦合作用。所有双自由基密立根原子自旋密度分布如图 6-8 所示。

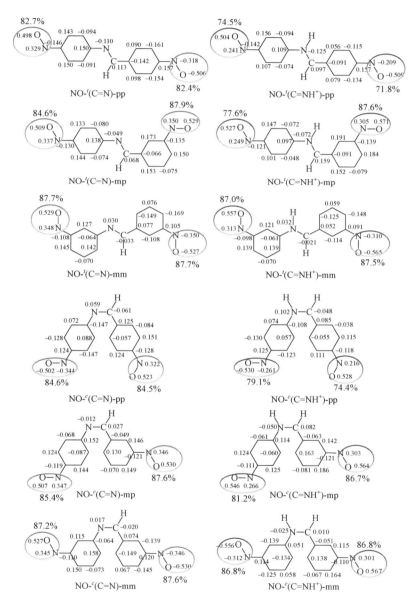

图 6-8　双自由基密立根原子自旋密度分布对比图

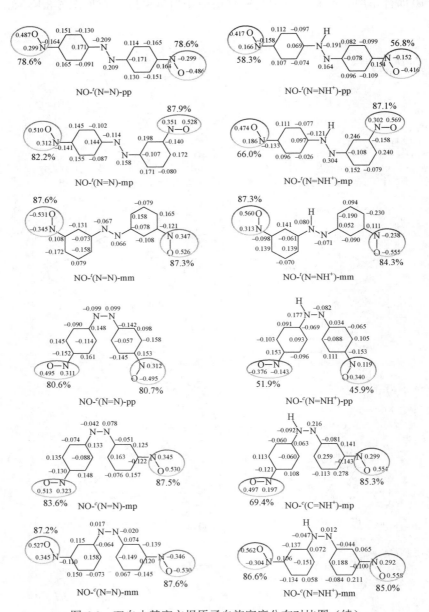

图 6-8 双自由基密立根原子自旋密度分布对比图（续）

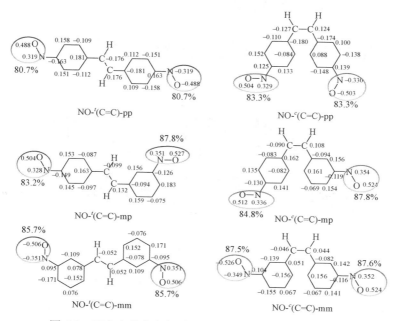

图6-8   双自由基密立根原子自旋密度分布对比图（续）

6.3.4   磁耦合作用机理

如上所述，BA 桥连双自由基的|J|值大小很大程度上取决于 NO 基团与耦合单元之间的共平面性，质子化双自由基延伸的 π 共轭结构有利于自旋极化，从而促进磁耦合作用。而双自由基良好的共轭结构源自耦合单元与自由基基团之间有效的分子轨道重叠。因此，有必要对耦合单元 BA 和 NO 基团的轨道特性和轨道能级进行分析，以进一步阐明质子诱导的磁性增强。有趣的是，观察到对于未质子化双自由基，NO 基团的两个 SOMO 与耦合单元反/顺 BA 的 HOMO 轨道匹配性良好，对于质子化双自由基，NO 基团的两个 SOMO 与耦合单元反/顺 BAH$^+$ 的 LUMO 轨道匹配性良好，如图 6-9 所示。也就是说，耦合单元的 HOMO 在控制未质子化双自由基的磁耦合方面起很大的调节作用，而耦合单元的 LUMO 在决定质子化双自由基的磁耦合方面更为关键。

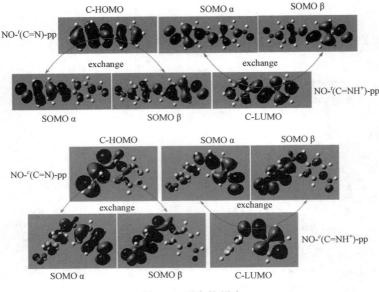

图 6-9　磁交换耦合

　　为了定量地解释质子诱导的磁性增强，并确认未质子化和质子化双自由基的不同磁耦合机理，我们进一步研究了耦合单元和自由基基团的轨道能级。如图 6-10（a）所示，质子化之后耦合单元反/顺 BA 的 HOMO 和 LUMO 能级都有所降低。也就是说，在耦合单元反/顺 BA 中引入质子，不仅可以降低其 HOMO 能级，还可以更大程度地降低其 LUMO 能级。具体而言，质子化之后，反式 BA 的 HOMO 和 LUMO 能级分别降低了 4.24 和 5.02 eV，顺式 BA 的 HOMO 和 LUMO 能级分别降低了 4.82 和 5.03 eV。而研究发现如果自由基基团的 SOMO（或 HOMO）和耦合单元的 HOMO 轨道能级相接近时，二者可以结合形成稳定的双自由基并产生较大的磁耦合相互作用，反之亦然。有趣的是，我们观察到耦合单元反/顺 BA 和 NO 基团之间的 HOMO 能级非常接近，这表明对于未质子化双自由基耦合单元的 HOMO 对于调节两个自旋中心的磁耦合至关重要。而耦合单元反/顺 BAH^+ 的 LUMO 与 NO 基团的 HOMO 能级非常接近，这与前面提到耦合单元其 LUMO 对质子化双自由基的磁耦合作用起决定性作用的观点一致。此外，我们发现与耦合单元反式 BA(5.02 eV)和顺式 BA(5.03 eV)相比，质子化耦合单元反式 BAH^+(3.52 eV)和顺式 BAH^+(4.00 eV)的 HOMO-LUMO 能差更小，可以有效促进双自由基的磁耦合作用。

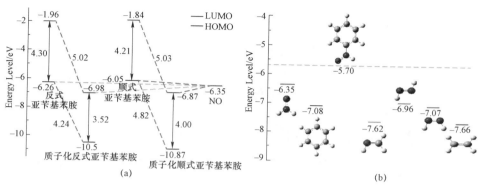

图 6-10 耦合单元和自由基基团的轨道能级

（a）耦合单元反式亚苄基苯胺、质子化反式亚苄基苯胺、顺式亚苄基苯胺和质子化顺式亚苄基苯胺以及
自旋中心 NO 的 HOMO 与 LUMO 能级；（b）自旋中心 NO、苯、硝基氧苯、亚胺氮单元、
顺/反偶氮单元和乙烯的 HOMO 能级。

为了进一步解释等电子体 BA、AB 和二苯乙烯桥连双自由基的磁性差异，我们还分析了亚胺氮单元、顺/反偶氮单元、乙烯与硝基氧苯之间的 HOMO 能级。如图 6-10（b）所示，计算结果表明，与 AB 桥连双自由基相比，BA 或二苯乙烯桥连双自由基中亚胺氮单元或乙烯基单元与硝基氧苯基单元之间的 HOMO 能差较大，不利于磁耦合作用。值得一提的是，所研究的所有双自由基的磁性行为都遵循 SOMO 效应（图 6-11）和自旋交替规则（图 6-12）。

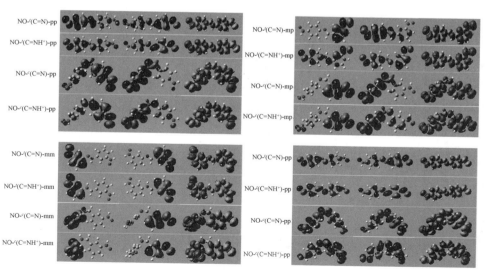

图 6-11 反/顺亚苄基苯胺、偶氮苯、二苯乙烯桥连双自由基的单占据轨道以及
自旋密度分布图

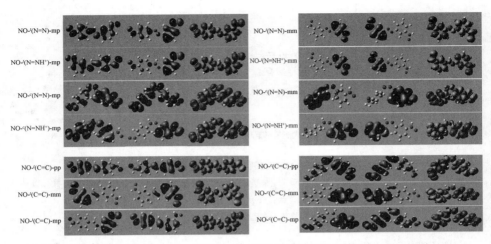

图 6-11 反/顺亚苄基苯胺、偶氮苯、二苯乙烯桥连双自由基的单占据轨道以及
自旋密度分布图（续）

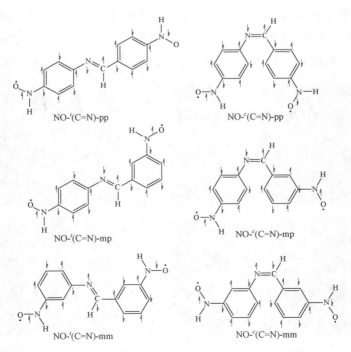

图 6-12 反/顺亚苄基苯胺、偶氮苯、二苯乙烯桥连双自由基自旋交替图

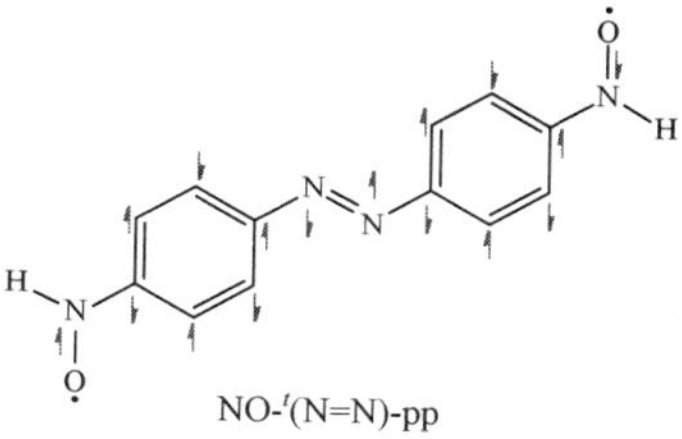

NO-^{t}(N=N)-pp

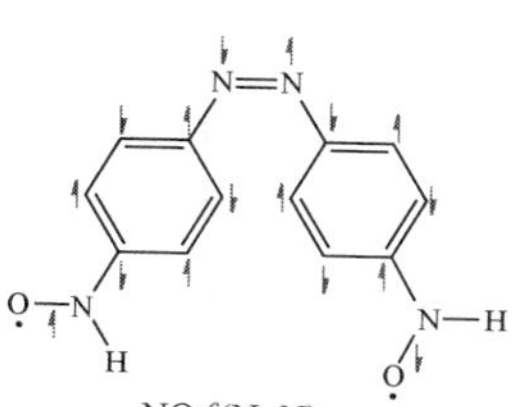

NO-^{c}(N=N)-pp

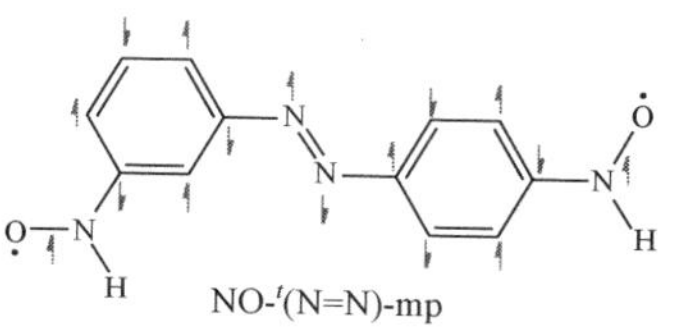

NO-^{t}(N=N)-mp

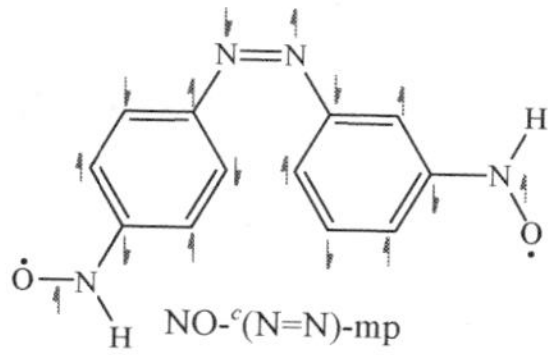

NO-^{c}(N=N)-mp

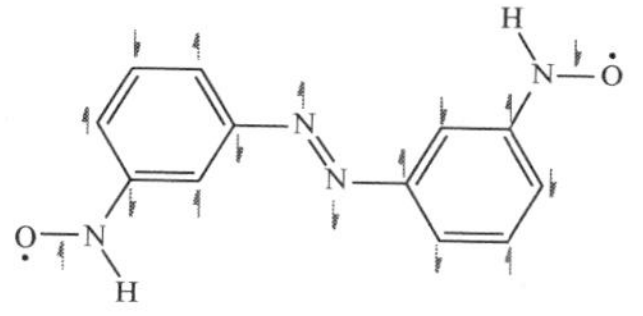

NO-^{t}(N=N)-mm

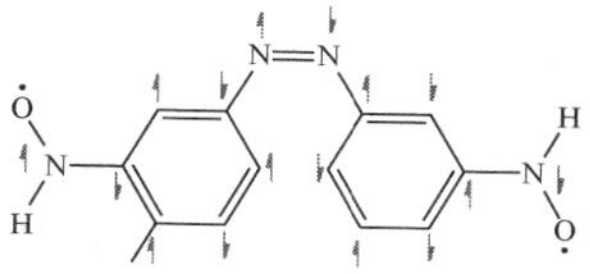

NO-^{c}(N=N)-mm

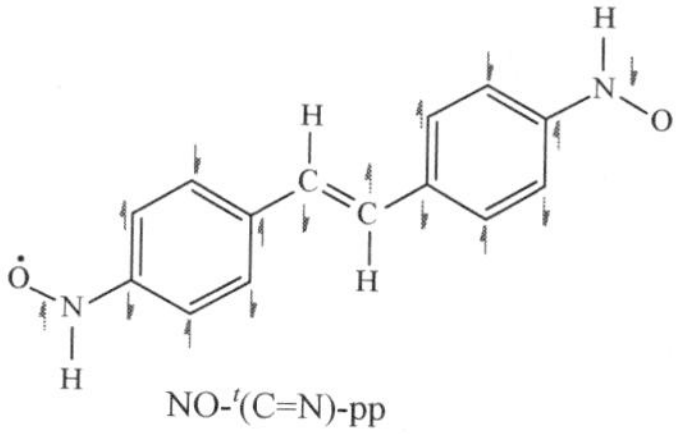

NO-^{t}(C=N)-pp

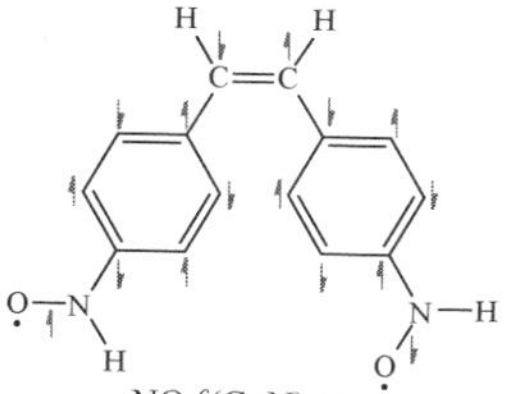

NO-^{c}(C=N)-pp

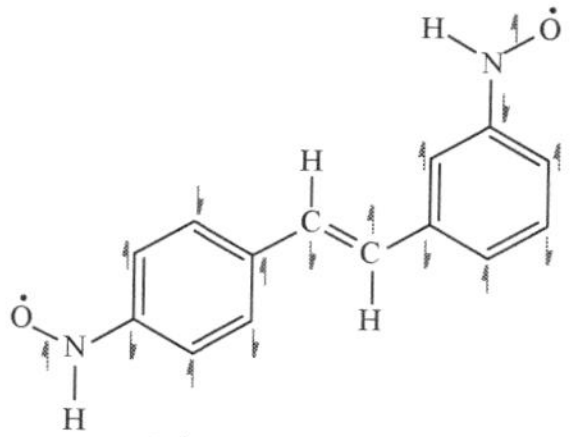

NO-^{t}(C=N)-mp

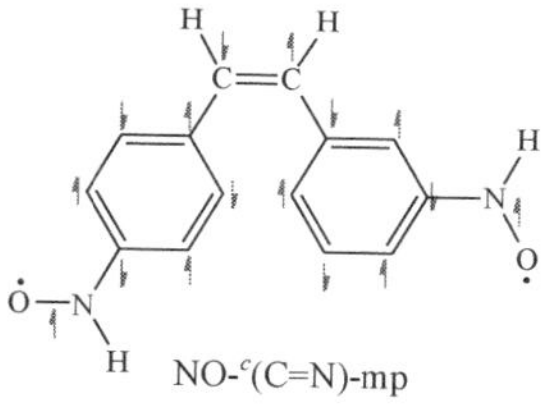

NO-^{c}(C=N)-mp

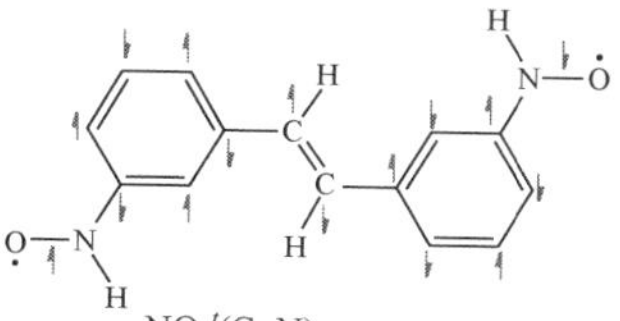

NO-^{t}(C=N)-mm

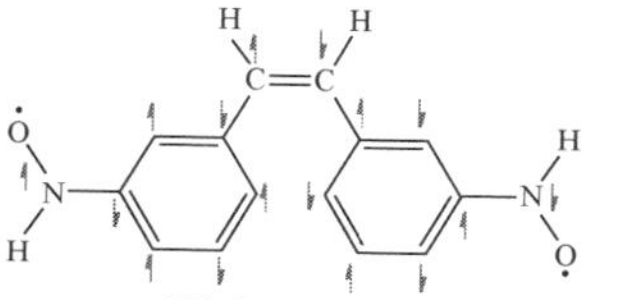

NO-^{c}(C=N)-mm

图 6-12　反/顺亚苄基苯胺、偶氮苯、二苯乙烯桥连双自由基自旋交替图（续）

6.4 小 结

本工作理论上设计了六对反/顺 BA 桥连 NO 双自由基，它们的磁耦合常数 J 在质子化亚胺氮原子后显著增大。研究发现：① 质子化后，J 值的符号没有发生改变，但 $|J|$ 值显著增大，NO-^{t}(C＝N)-pp 其 J 值从 $-332.6\ cm^{-1}$ 增大到 $-819.0\ cm^{-1}$，NO-^{c}(C＝N)-pp 其 J 值从 $-79.2\ cm^{-1}$ 增大到 $-310.2\ cm^{-1}$；② 在结构上，质子化反式双自由基良好的共轭性和质子化顺式双自由基两个减小的扭转角 CCNC（φ_2）和 CCCN（φ_3）为自旋传输创造了有利条件，促进了自旋极化，从而产生较大的自旋磁耦合；③ 质子诱导的磁性增强主要归因于耦合单元 BA 的调节能力，质子化之后其 LUMO 轨道能级降低，提高了由 NO 基团到耦合单元 BA 的自旋极化，从而促进了自旋磁耦合；④ 耦合单元 BA 质子化后较小的 HOMO-LUMO 能差也有助于解释增强的自旋磁耦合；⑤ 我们还将两 NO 基团桥连于耦合单元 BA 不同位置，进一步证实质子诱导的磁耦合增强，并且观察到不论是未质子化还是质子化反/顺双自由基，相应 $|J|$ 值大小顺序为 pp＞mp＞mm；⑥ 通过比较等电子体 BA、AB 和二苯乙烯桥连 NO 双自由基质子化前后的磁耦合强度，发现它们之间存在线性关系；⑦ 等电子体的自旋耦合调节能力为 AB＞二苯乙烯＞BA；⑧ 所研究的双自由基其磁性行为可以用 SOMO 效应和自旋交替规则进行定性预测。这项工作将为磁性分子开关的合理设计开辟新的前景。

第 7 章
振动诱导全氟并五苯展现脉冲
双自由基性质

7.1 引 言

在过去的几十年里，对直链并苯的研究一直是实验和理论上的焦点。在众多的直链并苯及其衍生物中，并五苯由于其延伸的 π 共轭结构在研究领域备受关注。特别是作为人们熟知的一种 P 型有机半导体化合物，并五苯已广泛应用于有机电子学方面，典型的应用包括有机场效应传感器，和有机薄膜传感器，这主要是因为并五苯具有较高的空穴迁移率。近来，研究人员利用从头算分子动力学模拟方法，又发现了并五苯一种新奇的动态双自由基性质，也就是说，在静态平衡构型时并五苯属于闭壳层单重态（CS）分子，即 CS 基态更稳定，但是由于振动是分子的固有属性，并五苯的某些瞬时振动模式或者瞬时构型可以展现出双自由基性质。然而，研究发现并五苯容易发生光降解反应，且由于较低的电子迁移率使它的性质在很大程度上受到限制。并五苯衍生物可以克服并五苯不稳定性以及较低电子迁移率等弱点而引起科学家更大的研究兴趣，特别是多种并五苯衍生物已在实验上合成出来，比如三异丙基硅乙炔并五苯、烷基硫代并五苯以及芳基硫代并五苯等。

在基本不改变分子结构的情况下，全氟化作用是功能化并苯的一种有效措施，实验上已获得全氟并五苯并对其进行了广泛探究。全氟化作用可将并五苯由 P-型半导体转变为 N-型半导体，这是由于全氟并五苯具有较高的电子迁移率，因此它在有机电子学方面应用前景更广。特别是，全氟化作用可以明显稳定并五苯的前线轨道 HOMO 和 LUMO（图 7-1），提高其抗氧化性，由此我们选择全氟并五苯作为本工作研究的目标分子。

令人兴奋的是，从图 7-1 中可以看出，与并五苯相比全氟并五苯的 HOMO-LUMO 能差降低，而缩小的 HOMO-LUMO 能差对双自由基性质的出现起很重要的促进作用。一般来说，在静态平衡构型时，全氟并五苯的 CS 基态更稳定，但是受并五苯可以展现出动态双自由基性质的启发，推测全氟并五苯的某些瞬时振动模式也能诱导它展现出双自由基性质，一方面是它与并五苯的结构相似，另一方面是它的 HOMO-LUMO 能差较小。而较小的 HOMO-LUMO 能差有助于电子从 HOMO 跃迁至 LUMO，为全氟并五苯双自由基性质的出现创造非常有利的条件。研究表明具有双自由基性质的分子对材料科学有深远的影响，在有机自旋电子学，分子光学、电学以及磁学等方面非常引人注目。因此，找到具有双自由基性质或者潜在双自由基性质的分子对设计新颖材料至关重要。

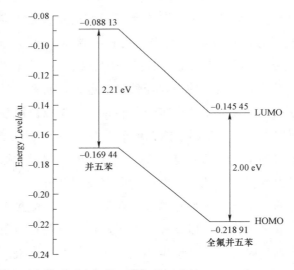

图 7-1　静态平衡构型时全氟并五苯和并五苯的 HOMO 与 LUMO 能级以及
HOMO-LUMO 能差对比图

然而迄今为止，具有潜在双自由基性质的相关分子报道很少，全氟化作用是否可以改善直链并苯的双自由基性质也是未知的。这项工作中，研究了全氟并五苯由振动诱导引起的动态电子特性和潜在双自由基性质，并与并五苯对比检验了全氟化效应对双自由基性质的影响。有趣的是，计算结果表明某些瞬时振动模式或者瞬时构型可以诱导全氟并五苯展现出双自由基性质，尽管并五苯和全氟并五苯拥有相同的振动模式，但全氟化作用增加了具有双自由基性质振动模式（记为双自由基模式）的数目。特别是，有 19 种双自由基模式出现在低频区（$< 740 \text{ cm}^{-1}$），这对磁性材料的设计非常有利。而对于双自由基模式，持续的结构振动可引起潜在双自由基性质表现出脉冲行为，这种脉冲双自由基性质归因于分子瞬时构型其单-三重态（CS-T）以及 HOMO-LUMO 能量差的周期性变化。此外，还观察到振动诱导的瞬时构型可以表现出不同的磁性特征甚至发生磁性行为的转换，即在相应的振动模式下全氟并五苯可表现为无磁性、反铁磁性或铁磁性行为。全氟并五苯有趣的电子特性和可控磁性的发现为其他有机分子动态性质的研究提供了新思路，并为磁性材料的设计打开了广阔的应用前景。

7.2　计算细节

全氟并五苯的几何构型优化以及能量计算包括闭壳层单重态（CS）、对称性破损开壳层单重态（BS）和三重态（T）均在（U）B3LYP/6-311++G(d,p)水平下进行。频率分析表明优化构型是势能面上的最小值，由此可以得到全氟并五苯 102 种振动模式相应的振动位移矢量和大小。对于每一种振动模式，平衡构型（R_0）有两种振动方向，故可以获得两种振动变形模式。为了反映振动过程中分子的逐渐变形现象，运用了一维线性坐标方法，表达式为 $R = R_0 \pm n\Delta R$，其中 R_0 表示静态全氟并五苯优化平衡几何构型的坐标，ΔR 表示线性移动步长（$\Delta R = (\Delta x, \Delta y, \Delta z)$）以及 n 表示移动步数（$n = 1, 2, \cdots, 10$）。很明显，$10\Delta R$ 表示每种振动模式可达到的最大振动幅度，可以从频率计算中获得，而 $+n\Delta R$ 和 $-n\Delta R$ 则分别代表正位移和负位移两种振动方向以及各方向的振动幅度。因此，全氟并五苯 102 种振动模式可获得 204 种最大振幅的振动瞬时构型。为了进一步检验哪一种振动模式可以诱导双自由基性质出现，在（U）B3LYP/6-31+G(d)水平下，计算了所有 204 种瞬时构型其 CS, BS 和 T 态能量，得到相应的 HOMOs、LUMOs、$<S^2>$值以及 BS 或 T 基态自旋密度分布。为了表示双自由基性质的脉冲行为，采用关系式 $t = 10^5/3\omega$ 可以确定振动周期（ω 表示振动频率，单位 cm^{-1}，时间单位为 fs)。因为在每一个振动周期内,结构变形会连续地经历从正位移(由 R_0 到 $10\Delta R$ 然后返回到 R_0)到负位移(由 R_0 到 $-10\Delta R$ 然后返回到 R_0)的变化,建立了几何变形诱导的双自由基性质(用 $<S^2>$ 值表示)与振动时间之间的关系,其他振动周期简单地重复该周期。以上所有密度泛函理论计算均利用高斯 03 程序完成。以下讨论如果没有特别说明,振动模式均指最大正/负位移瞬时构型,静态平衡构型简写为静态。

7.3　结果和讨论

某些有机分子其新颖的电子特性尤其双自由基性质受周围环境的控制,可以通过外界方法展现出来。特别是,结构波动可以使并五苯展现出动态双自由基性质的现象在理论上已被证实。这些发现激发我们进一步寻找可以展出现潜在双自由基性质的其他有机分子,进而有效地运用于有机电子学方面。很明显,由于较高的抗氧化性全氟并五苯可以作为合适的候选分子,尽管在静态时它表现为 CS 基态,但其较小的 HOMO-LUMO 能差和适中的 CS-T 能量差都有利于双自由基性质的出现。因此我们选用全氟并五苯作为目标分子,检验由振动诱导引起的双自由基性质以及全氟化效应的影响。

不出所料,全氟并五苯所有 102 种正位移振动模式中,双自由基模式有 38 种,多于并五苯双自由基模式其只有 25 种。如图 7-2 所示,全氟并五苯的这些双自由基模式其 BS 基态 $<S^2>$ 值相对较大,其中 27 种模式的 $<S^2>$ 值大于 0.5,表明全氟并五苯由振动诱导的潜在双自由基性质十分明显。所有 102 种负位移振动模式中,双自由基模式有 36 种,其中 23 种模式的 $<S^2>$ 值超过 0.5。特别是所有双自由基模式中,19 种模式出现在低频区($<740\ \mathrm{cm^{-1}}$),其中 14 种拥有波浪形或者扭曲构型。换言之,双自由基模式中有一半(正位移瞬时构型)或稍微多于一半(负位移瞬时构型)的模式出现在低频区,因此全氟并五苯的自旋态转换更容易发生在低频区。此外,如图 7-3 所示,我们将不能诱导双自由基性质出现的某一种振动模式(仍然为 CS 基态,称为非双自由基模式)其 HOMO 和 LUMO,与基态分别为 BS 或 T 态的两种双自由基振动模式其单占据轨道(SOMOs)进行了对比。结合 BS 和 T 态的自旋密度分布,以上分析均表明分子振动时某些特殊的振动模式的确可以诱导全氟并五苯展

现出双自由基性质。另外，所有 204 种振动模式中，由于分子不停振动它们的基态有 9 种结合方式，其中 8 种呈现出双自由基性质，代表性的振动模式在辅助材料表 7-S1 中列出。

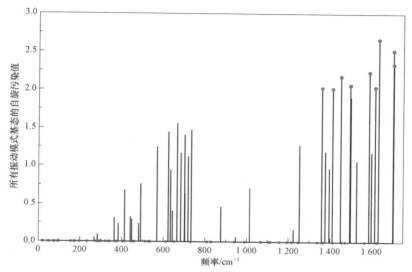

图 7-2　全氟并五苯 102 种正位移振动模式对应基态的自旋污染值（<S²>）

38 种双自由基模式中，有 9 种模式表现为 T 基态线上用点标出，
其余为 BS 基态，非双自由基模式坐标轴上用点标出

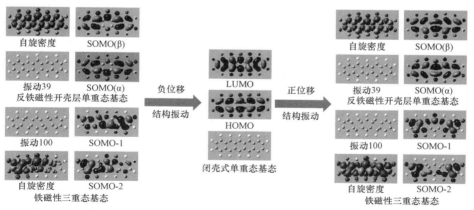

图 7-3　三种正位移和负位移振动模式瞬时构型其分子轨道特征和自旋密度分布

非双自由基振动模式（CS 基态）其瞬时构型给出 HOMO 和 LUMO，
双自由基振动模式（BS 或 T 基态）其瞬时构型给出 SOMOs。

为了证实双自由基性质与正、负位移变化时的相关性，我们运用线性公式分别得到 10 种不同幅度的瞬时构型，检验一些双自由基模式其双自由基性质随着正、负位移变化呈现的规律性。有趣的是，发现在全氟并五苯中振动诱导的双自由基性质表现出脉冲行为。换言之，对于每一种双自由基模式在一个振动周期内，其双自由基性质随着振动位移的变化从无到有，然后又渐渐消失，表现出周期性变化行为。同时，相应的磁性行为由无磁性转换为铁磁性或者反铁磁性，反之亦然。这是因为振动的全氟并五苯其瞬时构型的 CS-T 以及 HOMO-LUMO 能量差可以周期性变化。一般来说，拥有较小 CS-T 以及 HOMO-LUMO 能量差的振动模式容易诱导双自由基性质出现。特别是，决定一个分子能否表现出双自由基性质的重要参照指标包括 CS-T 以及 HOMO-LUMO 能量差。当然，对于不同的分子，影响其双自由基性质的因素是多样的，下面只讨论一些关键因素。

7.3.1 振动模式的影响

振动是一个分子固有的属性，当不同的能量脉冲施加于该分子时，分子不同的振动模式可以被激活，从而引起其几何构型发生扭曲。为了解释全氟并五苯潜在的双自由基性质，首先分析振动模式的影响。如前所述，每一种振动模式有正位移和负位移两种振动方向，因此共得到 204 种振动模式的瞬时构型，包括分子的弯曲，扭转，波动，各种伸缩以及并苯骨架和氟原子的面内和面外摇摆，其中正位移振动模式瞬时构型见辅助材料表 7-S2。对所有振动模式其瞬时构型的 CS、BS 和 T 态能量计算（辅助材料表 7-S3 和表 7-S4）发现双自由基模式的基态为 BS 或 T 态，非双自由基模式的基态为 CS 态。所有正/负位移双自由基模式中，一半（19）或多于一半（19）的模式出现在低频区，另一半（19）或少于一半（17）的模式出现在稍微较高的频率区，与并五苯双自由基模式的频率分布区明显不同（图 7-4）。这就表明全氟并五苯是一个良好的候选分子，其在低频区就可用于设计磁性材料。

在低频区域（<740 cm^{-1}），所有 102 种正/负位移振动模式中，出现 62 种扭曲瞬时构型，除聚乙炔链 C—C 键，交联 C—C 键以及 C—F 键的伸缩振动外包括上面提到的所有振动类型。有 19 种振动模式可以表现双自由基性质，其中包括 8 种波浪形和 6 种扭曲结构。这一发现明确证明一半或者多于一半的双

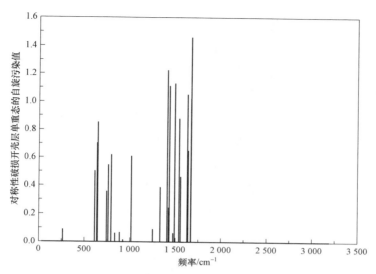

图 7-4　并五苯 102 种正位移振动模式对应基态的自旋污染值（<S²>）

自由基模式可以出现在低频区，因为氟原子的引入在很大程度上不仅影响振动频率而且还影响 HOMO 和 LUMO 能级，与并五苯相比其 HOMO-LUMO 能差降低。如图 7-4 所示，在相同的低频区域内，并五苯只有 5 种正位移振动模式表现双自由基性质。也就是说，在低波数区域，全氟并五苯双自由基模式的数目远远多于并五苯。因此，运用特定的低能源更有利于激发并诱导全氟并五苯呈现双自由基性质。在稍微高的频率区域（740～1 704 cm⁻¹），40 种扭曲瞬时构型归属为聚乙炔链 C—C 键，交联 C—C 键以及 C—F 键的伸缩振动。其中，在 800～1 350 cm⁻¹ 频率范围内有 5 种双自由基振动模式；在较高频率 1 350～1 700 cm⁻¹ 范围内，14 种正位移和 12 种负位移模式呈现双自由基性质。而对于并五苯，几乎所有（20）双自由基模式（正位移）出现在 800～1 700 cm⁻¹ 频率范围。

7.3.2　单-三重态能量差

有必要进一步分析分子的 CS-T 能量差（$\Delta E_{(CS-T)} = E_T - E_{CS}$），其与分子的双自由性质密切相关。一般来说，分子的 CS-T 能量差较大时，CS 与 T 态之间的相互作用较小甚至可以忽略，故不支持双自由性质的出现。为了充分说明全氟并五苯潜在的双自由基性质，分析了所有 204 种振动模式的瞬时构型其 CS，BS 和 T 态相对稳定性，大致可以分为两类。对于出现双自由基性质的构型，有四种可能的能级顺序：$E_{(BS)}<E_{(CS)}<E_{(T)}$、$E_{(BS)}<E_{(T)}<E_{(CS)}$、$E_{(T)}<E_{(BS)}$$<E_{(CS)}$或者 $E_{(T)}<E_{(CS)}$（表 7-S3），而对于不出现双自由基性质的构型，只有 CS 与 T 态而没有 BS 态，能级顺序为 $E_{(CS)}<E_{(T)}$（表 7-S4）。静态全氟并五苯的 CS-T 能量差为 14.26 kcal/mol，远远小于静态并五苯（22.92 kcal/mol），也小于并五苯出现双自由基性质时的临界值 18.05 kcal/mol。图 7-5 给出全氟并五苯 204 种振动模式的瞬时构型相对于静态的 CS-T 相对能量差。很明显，与静态时相比，出现双自由基性质的瞬时构型其 CS-T 能量差较小。换句话说，图 7-5 中正值表示相应振动模式其 CS-T 能量差大于静态平衡构型，而负值则表示小于静态平衡构型。

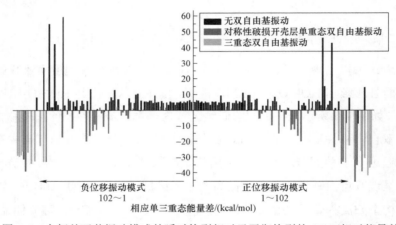

图 7-5　全氟并五苯振动模式的瞬时构型相对于平衡构型的 CS-T 相对能量差

然而我们发现不管是正值还是负值，图 7-5 中 204 种瞬时构型其 CS-T 相对能量差表现出很大不同，即由结构振动引起的 CS-T 能量差变化毫无规律。一般来说，较大的结构变形不会使瞬时构型的 CS 和 T 态充分混合，则相应振动模式的 CS-T 相对能量差较大。例如，振动模式 75 其交联 C—C 键大幅度伸缩导致较大的 CS-T 相对能量差，振动模式 80 其交联 C—C 键以及聚乙炔链 C—C 键大幅度伸缩也对应较大的 CS-T 相对能量差。而对于高频区振动模式 81～102，较大且负的 CS-T 相对能量差则来自 T 态对 CS 态的影响。此外，仍有 7 种振动模式，尽管它们的 CS-T 相对能量差超过临界值 14.26 kcal/mol，但仍能诱导双自由基性质出现，这归因于以下将要讨论的影响因素。

7.3.3　HOMO-LUMO 能差

除 CS-T 能量差外，分子其 CS 态的 HOMO-LUMO 能差也是判定双自由基性质能否出现非常重要的指标。当一个分子其 CS 态的 HOMO-LUMO 能差较小时，电子容易经历从 HOMO 到 LUMO 的跃迁形成 T 态，其 CS-T 能量差则较小支持CS与T态混合，因此该分子呈现双自由基性质的可能性相对较大，反之亦然。对于动态的全氟并五苯，所有 204 种瞬时构型其 CS 态的 HOMO-LUMO 能差在一个较大范围内波动，其中双自由基模式的 HOMO-LUMO 能差都小于静态全氟并五苯 2.00 eV，表明较小的 HOMO-LUMO 能差有利于双自由基性质出现，如图 7-6 所示。通过对比发现，静态全氟并五苯其 CS 态的 HOMO-LUMO 能差明显小于静态并五苯（2.21 eV），因此它的潜在双自由基性质更明显，双自由振动模式数目也明显多于并五苯。特别是，静态全氟并五苯其 CS 态较小的 HOMO-LUMO 能差可引起对应振动频率下双自由基模式发生明显红移（图 7-2）。

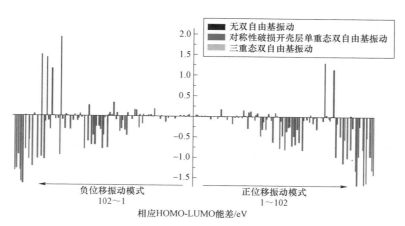

图 7-6　全氟并五苯其 CS 态 204 种振动模式的瞬时构型相对于
平衡构型的 HOMO-LUMO 相对能差

此外，还观察到动态全氟并五苯其 CS-T 能量差与 HOMO-LUMO 能差之间有较好的线性关系。如图 7-7 所示，阴影面积代表振动诱导出现双自由基性质区域，其中阴影部分分别代表铁磁性和反铁磁性区域。出乎意料的是，一

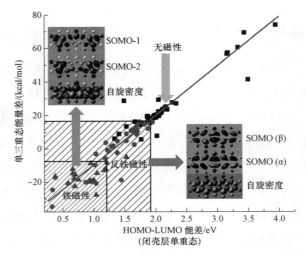

图 7-7　全氟并五苯 204 种振动模式的瞬时构型其 CS-T 能量差与
HOMO-LUMO 能差之间的线性关系

方块表示无磁性振动模式，三角和圆点分别表示铁磁性和反铁磁性振动模式，
其中插图分别为两代表性双自由基振动模式其单占据轨道和自旋密度分布。

些非双自由基模式也出现在阴影区域，用黑色点标出，一方面，这可能归因于振动模式能量的变化及其 HOMO 与 LUMO 独特的电子分布。另一方面，线性相连的苯环其共轭性由于结构振动而严重变形，不利于双自由基的形成。从表 7-S2 可以看出，对于靠后的振动模式 83～102，其 HOMO 与 LUMO 的电子分布明显不同于前面的模式，某些振动模式整个分子 π-共轭结构遭到很大破坏。其中具有双自由基性质的振动模式，两自旋电子也不是分散于整体的聚乙炔链上。总之，以上分析表明结构振动可以诱导全氟并五苯呈现双自由基性质，其较低的 HOMO 能级和较小的 HOMO-LUMO 能差，使它在有机电子学方面的应用更加广泛。

7.3.4　结构变形

此外，进一步分析了与出现双自由基性质密切相关的结构参数。结构变形特征的研究表明所有双自由基模式与并苯骨架和氟原子的面内摇摆无关，而波浪形和环扭曲结构对双自由基性质的出现贡献较大，但与静态全氟并五苯相比，这些瞬时构型中聚乙炔链之间的交联 C—C 键没有改变甚至被拉长，如图 7-8 所示。发现有 15 种正位移和 13 种负位移双自由基模式拥有一些较短的交联 C—C 键，代表性振动模式（70 与 89）见图 7-8，这些模式其双自由基性质的出现可归因于聚乙炔链中 C—C 键与交联 C—C 键之间的伸缩振动，可以促进电子从 HOMO 跃迁到 LUMO，而交联 C—C 键伸长或缩短的步调不一致时不利于双自由基性质出现。更有趣的是，对于靠后的振动模式，有 9 种双自由基模式其基态为 T 态。聚乙炔链 C—C 键以及两个末端苯环交联 C—C 键的伸缩对 T 基态起很重要的决定作用。

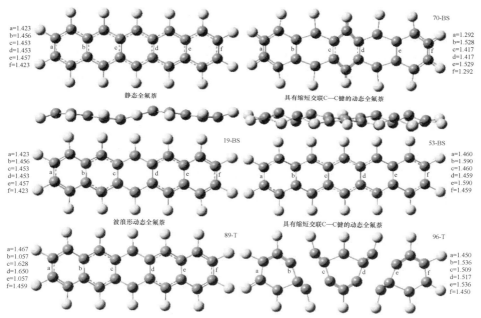

图 7-8　双自由基模式中 5 种典型的正位移瞬时构型其交联 C—C 键的长度
图中给出静态全氟并五苯交联 C—C 键的长度以供对比。

7.3.5　双自由基性质的脉冲行为

　　振动可以诱导全氟并五苯展现出潜在的双自由基性质，而持续的结构振动又可以诱导双自由基性质呈现出周期性的脉冲行为。通过扫描振动位移，在此主要讨论一些代表性双自由基模式的瞬时构型变化而引发的脉冲行为。我们发现随着振动位移的不断变化，每一种双自由基模式其双自由基性质总是周期性地出现或消失。具体而言，对于正位移方向的双自由基模式，随着振动位移的不断增加双自由基性质从无到有，到达最大位移后（即最大双自由基性质）瞬时扭曲构型又逐渐恢复，双自由基性质也逐渐消失。对于负位移方向的双自由基模式，双自由基性质也出现类似情形，只是双自由基性质的程度不同而已。换句话说，在一个振动周期内我们可以观察到两个双自由基特征峰，分别对应于最大正、负位移瞬时构型，因此持续的热激发振动可导致双自由基性质表现出脉冲行为。图 7-9（a）给出三种代表性双自由基模式（31、45 和 76）随时间演化其双自由基性质所呈现的脉冲行为。很明显，图中不同的双自由基模式有不同的脉冲行为和脉冲周期。双自由基性质呈现的脉冲行为主要是因为全氟并五苯其瞬时构型的 CS-T 和 HOMO-LUMO 能量差可以周期性变化。随着振动位移的增加，HOMO-LUMO 能差逐渐变小，CS-T 能量差也逐渐变小甚至变为负值，因此相应的基态从 CS 态转换为 BS 态，进而又转换为 T 态。图 7-9（b）给出三种代表性双自由基模式（60、70 和 97）其 HOMO 与 LUMO 能级变化趋势。从图中可以看出随着振动幅度从负位移到正位移变化，双自由基模式 70 其 HOMO 与 LUMO 能级均增大，而双自由基模式 60 和 97 其 HOMO 与 LUMO 能级先增大后减小，总体来看它们的 HOMO-LUMO 能差随振动幅度的增大而逐渐减小，也就是说在最大正/负位移处双自由基性质最明显。这些双自由基模式其 CS-T 能量差随振动幅度的增大也呈现类似情形，不再赘述。

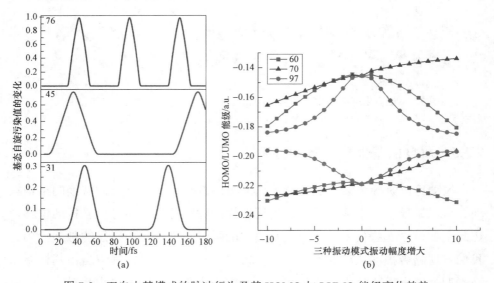

图 7-9　双自由基模式的脉冲行为及其 HOMO 与 LUMO 能级变化趋势

（a）三种代表性双自由基模式随时间演化所呈现的脉冲行为；（b）三种代表性双自由基模式其 HOMO 与
LUMO 能级随振动幅度所呈现的变化趋势。

7.3.6　全氟化效应

以上分析表明全氟化作用可以明显改变并五苯分子的电子特性。全氟并五苯拥有较低的 HOMO 能级，因此其抗氧化性高于并五苯，尤其较小的 HOMO-LUMO 能差有利于电子从 HOMO 跃迁到 LUMO 从而诱导双自由基性质出现。与并五苯相比，全氟并五苯双自由基模式的数目明显增加，$<S^2>$值也相对较大。此外，全氟化作用导致 19 种双自由基模式出现在低频区，因此，特定的低能脉冲可以激发全氟并五苯某一特定的模式振动，使其发生无磁性与反铁磁性甚至铁磁性之间的磁性转换。

7.4　小　结

本章主要讨论了振动诱导全氟并五苯呈现出脉冲双自由基性质。静态全氟并五苯适中的 CS-T 能量差以及较小的 HOMO-LUMO 能差是支持其潜在双自由基性质出现的主要决定性因素。研究发现：① 当全氟并五苯某些振动模式瞬时构型的 CS-T 以及 HOMO-LUMO 能量差都小于静态平衡构型时，其双自由基性质出现的可能性较大；② 全氟并五苯双自由基性质随时间的演化可呈现出周期性的脉冲行为，归因于其瞬时构型的 CS-T 和 HOMO-LUMO 能量差的周期性变化；③ 聚乙炔链之间交联 C—C 键的伸缩，波浪形或者环扭曲结构的某些振动模式对双自由基性质的出现贡献较大；④ 特别是，有 19 种双自由基振动模式出现在低频区，可以促进磁性转换并对磁性材料的设计非常有利；⑤ 与并五苯相比，全氟化作用明显增强了全氟并五苯潜在的双自由基性质，并增加了双自由基模式的数目。此外，尽管实验上还没有报道动态双自由基性质，但运用单/双光子吸收光谱，磷光现象，电子自旋共振以及光电子光谱可以表征双自由基性质的存在。很明显，像全氟并五苯这类分子其潜在的脉冲双自由基性质以及可控的动态磁性为新奇磁性材料的设计打开新的领域，并在电子学方面找到更广阔的应用前景。

辅助材料

表 7-S1 　所有 102 种正/负位移振动模式其基态可能的 9 种结合方式，其中 8 种结合方式
呈现出双自由基性质，并列出相应的双自由基模式

负位移振动（基态）	正位移振动（基态）	振动
	CS	1，2，3，4，5，6，7，8，9，10…
CS	BS	19，31，35，38，39，41，44，49，52，53，
BS	T	54，56，57，58，60，62，66，70，77，85
T	CS	87，89，92，96，100，101，102
BS	T	16，29，42，73，76
CS	BS	98
T	T	22，45，59，68，81，86，93
	BS	83
	CS	94
		99

表 7-S2 　所有 102 种正位移振动模式其瞬时构型 CS 态的 HOMO-LUMO 能差（H-L，eV），
单-三重态能量差（T-S，kcal/mol），相应的 HOMOs、LUMOs 以及 BS 或
T 基态的<S²>值和自旋密度分布

模式 <S²>	HOMO-LUMO 能差 单-三重态能差	变形模式	HOMO or SOMO α （单占据分子轨道1）	LUMO or SOMO β （单占据分子轨道2）	BS or T State 自旋密度
1 0.00	2.00 19.43				
2 0.00	2.04 20.50				
3 0.00	2.04 20.26				
4 0.00	1.98 19.07				

续表

模式 <S²>	HOMO- LUMO 能差 单-三重 态能差	变形模式	HOMO or SOMO α （单占据分子轨道 1）	LUMO or SOMO β （单占据分子轨道 2）	BS or T State 自旋密度
5 0.00	2.02 19.94				
6 0.00	1.99 18.87				
7 0.00	2.02 19.93				
8 0.00	1.99 19.22				
9 0.00	1.99 19.21				
10 0.00	1.93 17.75				
11 0.00	2.02 19.76				
12 0.00	1.99 19.37				

续表

模式 <S²>	HOMO-LUMO能差 单-三重态能差	变形模式	HOMO or SOMO α (单占据分子轨道 1)	LUMO or SOMO β (单占据分子轨道 2)	BS or T State 自旋密度
13 0.00	2.00 19.62				
14 0.00	1.94 17.78				
15 0.00	1.99 19.18				
16 0.00	2.18 23.65				
17 0.00	1.99 18.98				
18 0.00	1.99 19.30				
19 0.054	1.92 16.63				
20 0.00	2.00 19.57				

续表

模式 <S²>	HOMO- LUMO 能差 单-三重 态能差	变形模式	HOMO or SOMO α （单占据分子轨道 1）	LUMO or SOMO β （单占据分子轨道 2）	BS or T State 自旋密度
21 0.00	2.01 19.59				
22 0.092	1.82 15.41				
23 0.00	1.98 18.86				
24 0.00	1.98 18.99				
25 0.00	2.03 20.26				
26 0.00	1.97 18.65				
27 0.00	2.01 19.75				
28 0.00	1.96 19.23				

模式 <S²>	HOMO-LUMO 能差 单-三重态能差	变形模式	HOMO or SOMO α (单占据分子轨道 1)	LUMO or SOMO β (单占据分子轨道 2)	BS or T State 自旋密度
29 0.00	2.17 25.32	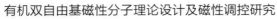			
30 0.00	2.02 20.22				
31 0.310	1.70 13.94				
32 0.00	2.11 23.86				
33 0.00	2.13 23.85				
34 0.00	1.99 19.08				
35 0.235	1.91 14.95				
36 0.00	2.05 21.09				

续表

模式 <S²>	HOMO-LUMO 能差 单-三重态能差	变形模式	HOMO or SOMO α（单占据分子轨道 1）	LUMO or SOMO β（单占据分子轨道 2）	BS or T State 自旋密度
37 0.00	2.08 21.72				
38 0.681	1.52 8.92				
39 0.327	1.68 12.12				
40 0.00	1.87 17.07				
41 0.292	1.68 12.95				
42 0.00	1.94 17.25				
43 0.00	2.08 21.32				
44 0.240	1.91 16.75				

143

续表

模式 <S²>	HOMO-LUMO 能差 单-三重态能差	变形模式	HOMO or SOMO α（单占据分子轨道1）	LUMO or SOMO β（单占据分子轨道2）	BS or T State 自旋密度
45 0.762	1.38 4.57				
46 0.00	1.99 19.96				
47 0.00	2.10 22.65				
48 0.00	2.02 19.81				
49 1.251	1.22 −0.81				
50 0.00	1.90 17.27				
51 0.00	1.53 13.41				
52 1.449	1.19 3.64				

续表

模式 <S²>	HOMO-LUMO 能差 单-三重 态能差	变形模式	HOMO or SOMO α （单占据分子轨道 1）	LUMO or SOMO β （单占据分子轨道 2）	BS or T State 自旋密度
53 0.947	1.63 11.59				
54 0.407	1.73 16.03				
55 0.00	1.76 15.56				
56 1.560	1.28 1.56				
57 1.170	1.52 4.87				
58 1.409	1.31 1.89				
59 0.642	1.69 8.52				
60 1.121	1.38 −2.41				
61 0.00	1.98 20.05				

续表

模式 $<S^2>$	HOMO-LUMO 能差 单-三重态能差	变形模式	HOMO or SOMO α （单占据分子轨道 1）	LUMO or SOMO β （单占据分子轨道 2）	BS or T State 自旋密度
62 1.478	1.18 -5.81				
63 0.00	1.92 17.27				
64 0.00	2.01 18.84				
65 0.00	1.94 17.21				
66 0.464	1.87 12.15				
67 0.00	2.06 21.29				
68 0.064	1.84 15.67				
69 0.00	1.97 19.74				

续表

模式 <S²>	HOMO-LUMO 能差 单-三重态能差	变形模式	HOMO or SOMO α （单占据分子轨道 1）	LUMO or SOMO β （单占据分子轨道 2）	BS or T State 自旋密度
70 0.714	1.70 10.57				
71 0.00	2.01 19.89				
72 0.00	2.00 20.56				
73 0.00	1.98 19.75				
74 0.00	1.89 17.43				
75 0.00	4.96 60.76				
76 0.00	2.05 29.48				
77 0.160	1.95 15.84				

续表

模式 $<S^2>$	HOMO- LUMO 能差 单-三重 态能差	变形模式	HOMO or SOMO α （单占据分子轨道1）	LUMO or SOMO β （单占据分子轨道2）	BS or T State 自旋密度
78 0.00	1.90 17.76				
79 0.00	2.02 20.19				
80 0.00	3.16 57.42				
81 1.277	1.02 −9.56				
82 0.00	1.84 15.55				
83 2.027	1.53 −5.24				
84 0.00	1.87 19.70				
85 1.192	0.87 −20.12				

续表

模式 <S²>	HOMO-LUMO 能差 单-三重态能差	变形模式	HOMO or SOMO α （单占据分子轨道 1）	LUMO or SOMO β （单占据分子轨道 2）	BS or T State 自旋密度
86 0.970	1.44 −18.87				
87 2.017	0.99 −19.43				
88 0.00	1.33 6.10				
89 2.179	1.21 −8.47				
90 0.00	2.04 22.10				
91 0.00	1.73 14.11				
92 2.064	0.68 −17.70				
93 1.905	0.21 −31.74				

续表

模式 $\langle S^2 \rangle$	HOMO-LUMO 能差 单-三重态能差	变形模式	HOMO or SOMO α （单占据分子轨道 1）	LUMO or SOMO β （单占据分子轨道 2）	BS or T State 自旋密度
94 1.066	1.03 −20.82				
95 0.00	1.76 5.70				
96 2.234	1.19 −12.15				
97 1.179	0.33 −24.90				
98 2.037	0.37 −16.56				
99 0.00	1.49 28.78				
100 2.664	1.03 −27.61				
101 2.518	0.69 −22.54				

续表

模式 <S²>	HOMO- LUMO 能差 单-三重 态能差	变形模式	HOMO or SOMO α （单占据分子轨道 1）	LUMO or SOMO β （单占据分子轨道 2）	BS or T State 自旋密度
102 2.336	0.59 −20.58				

表 7-S3　所有 102 种正位移振动模式中双自由基模式其 **CS、BS** 和
T 态能量以及相应的能级顺序。

振动模式	$E_{(CS)}$	$E_{(BS)}$	$E_{(T)}$	能级顺序
19	− 2 236.017 977 9	− 2 236.017 990 4	− 2 235.991 424 3	$E_{(BS)} < E_{(CS)} < E_{(T)}$
22	− 2 235.980 031 9	− 2 235.980 067 8	− 2 235.955 424 4	$E_{(BS)} < E_{(CS)} < E_{(T)}$
31	− 2 235.964 595 9	− 2 235.964 991 2	− 2 235.942 345 2	$E_{(BS)} < E_{(CS)} < E_{(T)}$
35	− 2 235.942 684 0	− 2 235.943 010 0	− 2 235.918 818 8	$E_{(BS)} < E_{(CS)} < E_{(T)}$
38	− 2 235.937 311 0	− 2 235.939 763 4	− 2 235.923 064 4	$E_{(BS)} < E_{(CS)} < E_{(T)}$
39	− 2 235.875 963 1	− 2 235.876 455 3	− 2 235.856 614 4	$E_{(BS)} < E_{(CS)} < E_{(T)}$
41	− 2 235.861 356 6	− 2 235.861 746 2	− 2 235.840 678 9	$E_{(BS)} < E_{(CS)} < E_{(T)}$
44	− 2 235.867 782 2	− 2 235.868 038 4	− 2 235.841 040 4	$E_{(BS)} < E_{(CS)} < E_{(T)}$
45	− 2 235.744 391 9	− 2 235.748 240 6	− 2 235.737 089 4	$E_{(BS)} < E_{(CS)} < E_{(T)}$
49	− 2 235.820 510 9	− 2 235.834 125 1	− 2 235.821 803 8	$E_{(BS)} < E_{(T)} < E_{(CS)}$
52	− 2 235.761 523 2	− 2 235.773 804 3	− 2 235.755 711 7	$E_{(BS)} < E_{(CS)} < E_{(T)}$
53	− 2 235.623 835 9	− 2 235.627 944 0	− 2 235.605 330 0	$E_{(BS)} < E_{(CS)} < E_{(T)}$
54	− 2 235.667 517 0	− 2 235.668 068 0	− 2 235.641 926 4	$E_{(BS)} < E_{(CS)} < E_{(T)}$
56	− 2 235.711 144 8	− 2 235.725 903 0	− 2 235.708 650 3	$E_{(BS)} < E_{(CS)} < E_{(T)}$
57	− 2 235.627 523 2	− 2 235.636 642 4	− 2 235.619 739 8	$E_{(BS)} < E_{(CS)} < E_{(T)}$
58	− 2 235.680 985 8	− 2 235.695 811 7	− 2 235.677 965 7	$E_{(BS)} < E_{(CS)} < E_{(T)}$
59	− 2 235.566 998 8	− 2 235.569 956 8	− 2 235.553 399 3	$E_{(BS)} < E_{(CS)} < E_{(T)}$
60	− 2 235.570 299 7	− 2 235.583 033 2	− 2 235.574 148 2	$E_{(BS)} < E_{(T)} < E_{(CS)}$
62	− 2 235.643 731 9	− 2 235.665 402 2	− 2 235.653 006 0	$E_{(BS)} < E_{(T)} < E_{(CS)}$
66	− 2 235.364 694 6	− 2 235.366 193 7	− 2 235.345 296 7	$E_{(BS)} < E_{(CS)} < E_{(T)}$
68	− 2 235.113 386 9	− 2 235.113 403 4	− 2 235.088 364 2	$E_{(BS)} < E_{(CS)} < E_{(T)}$
70	− 2 234.963 102 0	− 2 234.966 360 0	− 2 234.946 228 3	$E_{(BS)} < E_{(CS)} < E_{(T)}$
77	− 2 234.471 666 1	− 2 234.471 804 0	− 2 234.446 363 6	$E_{(BS)} < E_{(CS)} < E_{(T)}$
81	− 2 234.330 273 1	− 2 234.355 933 1	− 2 234.345 542 5	$E_{(BS)} < E_{(T)} < E_{(CS)}$
83	− 2 232.629 203 8	− 2 233.861 209 0	− 2 232.637 575 5	$E_{(T)} < E_{(CS)}$
85	− 2 233.825 073 6	− 2 232.629 559 9	− 2 233.857 200 7	$E_{(BS)} < E_{(T)} < E_{(CS)}$

151

振动模式	$E_{(CS)}$	$E_{(BS)}$	$E_{(T)}$	能级顺序
86	− 2 232.597 403 2		− 2 232.627 535 1	$E_{(BS)} < E_{(T)} < E_{(CS)}$
87	− 2 232.973 127 0		− 2 233.004 150 9	$E_{(T)} < E_{(CS)}$
89	− 2 233.732 944 2		− 2 233.746 469 9	$E_{(T)} < E_{(CS)}$
92	− 2 233.105 311 9		− 2 233.133 576 7	$E_{(T)} < E_{(CS)}$
93	− 2 232.070 890 0	− 2 232.125 091 9	− 2 232.122 953 0	$E_{(BS)} < E_{(T)} < E_{(CS)}$
94	− 2 233.572 166 1	− 2 233.606 922 9	− 2 233.605 399 0	$E_{(BS)} < E_{(T)} < E_{(CS)}$
96	− 2 233.209 319 1	− 2 233.315 167 9	− 2 233.228 721 3	$E_{(T)} < E_{(CS)}$
97	− 2 233.274 568 7	− 2 232.596 757 4	− 2 233.314 314 6	$E_{(BS)} < E_{(T)} < E_{(CS)}$
98	− 2 232.583 915 1	− 2 231.102 198 9	− 2 232.610 346 6	$E_{(T)} < E_{(BS)} < E_{(CS)}$
100	− 2 232.903 221 1		− 2 232.947 292 8	$E_{(T)} < E_{(CS)}$
101	− 2 231.065 010 7		− 2 231.100 993 0	$E_{(T)} < E_{(CS)}$
102	− 2 231.091 244 3		− 2 231.124 095 9	$E_{(T)} < E_{(BS)} < E_{(CS)}$

表 7-S4   所有 102 种正位移振动模式中非双自由基模式其 CS 与
T 态能量以及相应的能级顺序。

振动模式	$E_{(CS)}$	$E_{(T)}$	能级顺序
1	− 2 236.086 420 7	− 2 236.055 406 0	$E_{(CS)} < E_{(T)}$
2	− 2 236.085 877 3	− 2 236.053 146 9	$E_{(CS)} < E_{(T)}$
3	− 2 236.083 031 5	− 2 236.050 679 7	$E_{(CS)} < E_{(T)}$
4	− 2 236.083 522 4	− 2 236.053 082 3	$E_{(CS)} < E_{(T)}$
5	− 2 236.078 250 7	− 2 236.046 424 3	$E_{(CS)} < E_{(T)}$
6	− 2 236.076 455 4	− 2 236.046 334 5	$E_{(CS)} < E_{(T)}$
7	− 2 236.079 416 7	− 2 236.047 600 8	$E_{(CS)} < E_{(T)}$
8	− 2 236.073 870 1	− 2 236.043 180 8	$E_{(CS)} < E_{(T)}$
9	− 2 236.073 465 4	− 2 236.042 797 5	$E_{(CS)} < E_{(T)}$
10	− 2 236.070 907 5	− 2 236.042 566 5	$E_{(CS)} < E_{(T)}$
11	− 2 236.058 938 2	− 2 236.027 398 8	$E_{(CS)} < E_{(T)}$
12	− 2 236.052 181 6	− 2 236.021 257 9	$E_{(CS)} < E_{(T)}$
13	− 2 236.052 398 4	− 2 236.021 077 3	$E_{(CS)} < E_{(T)}$
14	− 2 236.049 354 3	− 2 236.020 972 1	$E_{(CS)} < E_{(T)}$
15	− 2 236.049 351 9	− 2 236.018 723 6	$E_{(CS)} < E_{(T)}$
16	− 2 236.046 327 1	− 2 236.008 571 0	$E_{(CS)} < E_{(T)}$
17	− 2 236.042 366 3	− 2 236.012 068 5	$E_{(CS)} < E_{(T)}$
18	− 2 236.018 387 0	− 2 235.987 572 3	$E_{(CS)} < E_{(T)}$
20	− 2 235.977 334 4	− 2 235.946 097 7	$E_{(CS)} < E_{(T)}$
21	− 2 235.990 206 0	− 2 235.958 929 3	$E_{(CS)} < E_{(T)}$
23	− 2 235.967 223 3	− 2 235.937 111 6	$E_{(CS)} < E_{(T)}$

续表

振动模式	$E_{(CS)}$	$E_{(T)}$	能级顺序
24	−2 235.970 255 1	−2 235.939 929 9	$E_{(CS)} < E_{(T)}$
25	−2 235.947 974 7	−2 235.915 622 2	$E_{(CS)} < E_{(T)}$
26	−2 235.930 516 2	−2 235.900 744 3	$E_{(CS)} < E_{(T)}$
27	−2 235.951 688 7	−2 235.920 164 8	$E_{(CS)} < E_{(T)}$
28	−2 235.931 577 8	−2 235.900 869 0	$E_{(CS)} < E_{(T)}$
29	−2 235.946 494 1	−2 235.906 071 5	$E_{(CS)} < E_{(T)}$
30	−2 235.945 395 1	−2 235.913 113 1	$E_{(CS)} < E_{(T)}$
32	−2 235.946 236 8	−2 235.908 139 4	$E_{(CS)} < E_{(T)}$
33	−2 235.949 058 4	−2 235.910 975 9	$E_{(CS)} < E_{(T)}$
34	−2 235.787 856 8	−2 235.757 397 4	$E_{(CS)} < E_{(T)}$
36	−2 235.899 153 2	−2 235.865 480 2	$E_{(CS)} < E_{(T)}$
37	−2 235.923 343 4	−2 235.888 669 5	$E_{(CS)} < E_{(T)}$
40	−2 235.878 216 7	−2 235.850 966 5	$E_{(CS)} < E_{(T)}$
42	−2 235.856 955 3	−2 235.829 403 7	$E_{(CS)} < E_{(T)}$
43	−2 235.842 863 2	−2 235.808 824 8	$E_{(CS)} < E_{(T)}$
46	−2 235.811 007 1	−2 235.779 144 2	$E_{(CS)} < E_{(T)}$
47	−2 235.775 131 0	−2 235.738 973 7	$E_{(CS)} < E_{(T)}$
48	−2 235.781 159 2	−2 235.749 528 7	$E_{(CS)} < E_{(T)}$
50	−2 235.736 318 0	−2 235.708 740 8	$E_{(CS)} < E_{(T)}$
51	−2 235.721 988 1	−2 235.700 572 1	$E_{(CS)} < E_{(T)}$
55	−2 235.712 729 9	−2 235.687 881 6	$E_{(CS)} < E_{(T)}$
61	−2 235.619 816 5	−2 235.587 808 3	$E_{(CS)} < E_{(T)}$
63	−2 235.533 640 4	−2 235.506 066 8	$E_{(CS)} < E_{(T)}$
64	−2 235.486 040 4	−2 235.455 964 8	$E_{(CS)} < E_{(T)}$
65	−2 235.466 351 6	−2 235.438 872 3	$E_{(CS)} < E_{(T)}$
67	−2 235.027 169 2	−2 234.993 184 5	$E_{(CS)} < E_{(T)}$
69	−2 235.067 912 0	−2 235.036 393 1	$E_{(CS)} < E_{(T)}$
71	−2 234.924 977 7	−2 234.893 224 5	$E_{(CS)} < E_{(T)}$
72	−2 234.781 542 3	−2 234.748 718 7	$E_{(CS)} < E_{(T)}$
73	−2 234.628 984 9	−2 234.597 452 7	$E_{(CS)} < E_{(T)}$
74	−2 234.621 541 5	−2 234.593 714 0	$E_{(CS)} < E_{(T)}$
75	−2 234.039 385 9	−2 233.942 385 9	$E_{(CS)} < E_{(T)}$
76	−2 234.513 326 1	−2 234.466 258 2	$E_{(CS)} < E_{(T)}$
78	−2 234.182 192 3	−2 234.153 831 4	$E_{(CS)} < E_{(T)}$
79	−2 234.024 020 4	−2 233.991 785 3	$E_{(CS)} < E_{(T)}$
80	−2 234.394 356 2	−2 234.302 692 1	$E_{(CS)} < E_{(T)}$
82	−2 234.223 557 8	−2 234.198 725 8	$E_{(CS)} < E_{(T)}$
84	−2 233.960 982 1	−2 233.929 538 5	$E_{(CS)} < E_{(T)}$

振动模式	$E_{(CS)}$	$E_{(T)}$	能级顺序
88	− 2 234.038 277 8	− 2 234.028 533 0	$E_{(CS)} < E_{(T)}$
90	− 2 233.989 406 7	− 2 233.954 117 7	$E_{(CS)} < E_{(T)}$
91	− 2 233.837 513 7	− 2 233.814 985 8	$E_{(CS)} < E_{(T)}$
95	− 2 233.424 692 2	− 2 233.415 591 6	$E_{(CS)} < E_{(T)}$
99	− 2 231.464 695 9	− 2 231.418 741 7	$E_{(CS)} < E_{(T)}$

第8章
总结与展望

　　综上所述，为寻找具有较强磁耦合相互作用的有机双自由基磁性分子并探索调控其磁性大小甚至磁性行为更有效的方法，本书主要采用 B3LYP 与 M06-2X 方法考察两类双自由基分子的磁性特征，其中一类是由两个自由基分别作为自旋源并通过耦合单元桥连而成，另一类是双自由基分子本身就呈现开壳层基态，引人注目的结论如下。

　　（1）以间/对吡嗪及其相应的二氢化还原产物为耦合单元，硝基氧自由基为自旋中心组成两对双自由基，详细、全面地分析了由氧化还原诱导法实现铁磁性与反铁磁性之间的转换。研究发现，氧化还原前后两对双自由基的磁耦合作用都相对较强，其磁耦合常数的大小和符号均发生了明显变化。其中典型 π 共轭凯库勒结构的自旋离域、非凯库勒结构的自旋极化、氧化还原前后耦合单元芳香性的转换及分子的构象都是影响磁耦合作用的关键因素。良好的 π 共轭凯库勒结构与耦合单元的反芳香性趋向于支持反铁磁性耦合。两对双自由基的基态以及磁性行为可借助自旋交替规则、SOMO 效应和三重态 SOMO-SOMO 能量差加以预测。简而言之，本工作采用氧化还原法诱导两对新颖的硝基氧双自由基实现磁性调控，为磁性分子开关的设计提供了新思路，并在有机自旋学以及数据存储器件方面找到广阔的应用前景。

　　（2）以对苯醌、1,4-萘醌、9,10-蒽醌、并四苯-5,12-二酮、并五苯-6,13-二酮、并六苯-6,15-二酮为耦合单元,硝基氧自由基为自旋中心组成六对双自由基。此外，还以吡嗪、苯并吡嗪、吩嗪、5,12-二氮杂并四苯、6,13-二氮杂并五苯和 6,15-二氮杂并六苯为耦合单元，硝基氧自由基为自旋中心组成另外六对双自由基，探究氧化还原诱导法即耦合单元二氢化前后对双自由基磁性大小与磁性行为的调控。结果发现，二氢化前后每对双自由基均可以发生 AFM耦合与 FM 耦合之间的转换，归因于不同的自旋耦合路径。每六对双自由基随着两自旋中心之间耦合路径的延长，二氢化之前双自由基磁耦合常数绝对值逐渐减小，而二氢化之后双自由基磁耦合常数绝对值先减小后增大。其中耦合单元的自旋耦合路径长度、HOMO-LUMO 能差以及双自由基延伸 π 共轭结构的自旋极化是决定磁耦合作用强弱的关键因素。双自由基的磁性行为可以用自旋交替规则、SOMO 效应及三重态 SOMO-SOMO 能级分裂加以解释。该工作为磁性分子开关的设计进一步拓宽了视野。

（3）以二氮杂二苯并蒽为耦合单元，硝基氧自由基为自旋中心组成四个双自由基，考察双氮掺杂及其位置效应与进一步双电子氧化效应对双自由基磁性大小或磁性行为的影响。结果发现，与母体二苯并蒽桥连硝基氧双自由基相比，双氮掺杂可以改变耦合单元的结构、五个六元环的芳香性、电子特性，且不同的双氮掺杂位置会有明显不同的影响。掺杂的两氮原子一方面可以破坏耦合单元二苯并蒽良好的凯库勒结构，在自旋耦合路径中起抑制作用，另一方面又可以调节耦合单元的 HOMO 与 LUMO 能级，减小其HOMO-LUMO 能差，促进磁耦合相互作用。此外双电子氧化前，双自由基两硝基氧基团其 SOMOs 与耦合单元 HOMO 较好的匹配性可以促进自旋耦合作用；而双电子氧化后，四个双自由基磁性特征发生明显变化，两硝基氧基团其 SOMOs 与耦合单元 LUMO 较好的匹配性则促进磁耦合相互作用。简言之，无论是双氮掺杂位置效应还是双电子氧化还原诱导效应，决定双自由基磁性大小的因素包括几何特征、自旋极化以及耦合单元的芳香性、轨道特性及其HOMO-LUMO 能差。另外，双自由基的磁性行为也可以借助自旋交替规则与SOMO 效应解释。本工作为二氮杂二苯并蒽桥连双自由基磁性分子调节器或者开关的合理设计提供了理论指导。

（4）以反/顺偶氮苯为耦合单元，NO、VER 或 NN 自由基为自旋中心，根据耦合单元与两自由基基团不同的连接方式（包括对/对位、对/间位以及间

/间位三系列），讨论了十对反/顺偶氮苯桥连双自由基的磁性特征和单质子化偶氮单元对磁性大小的增强。研究发现：① 偶氮苯可以有效地调控两自旋中心之间的磁耦合相互作用，特别是质子化偶氮单元明显增强了偶氮苯桥连双自由基磁耦合常数的大小，但是并不引起其符号改变；② 质子化诱导明显增强的磁性大小主要是因为桥连两自由基基团的耦合单元偶氮苯较强的调节作用，质子化之后耦合单元的 LUMO 能级降低，很大程度上促进了磁耦合相互作用；③ 质子化可以增强偶氮苯桥连双自由基其磁性大小，这一规律对具有不同自旋中心或自由基基团不同连接模式的其他偶氮苯桥连双自由基也普遍适用；④ 质子化偶氮单元或某些双自由基体系的偶氮单元在热力学上是有利的，因此其相应的去质子化过程是可控的。很显然，每对偶氮苯桥连双自由基由于质子化前后其磁性大小的不同，可用于分子开关的设计，优于传统由光或者温度诱导实现磁性调控的开关。

（5）以反/顺亚苄基苯胺为耦合单元，硝基氧自由基为自旋中心，根据耦合单元与两自由基基团不同的连接方式（包括对/对位、对/间位以及间/间位三系列），探讨了六对反/顺亚苄基苯胺桥连双自由基的磁性特征和单质子化亚胺氮单元对磁性大小的增强，并与等电子体偶氮苯和二苯乙烯桥连硝基氧双自由基质子化前后的磁耦合强度进行了比较。研究发现：① 质子化亚胺氮单元可以有效促进反/顺亚苄基苯胺桥连三系列双自由基的磁耦合作用，并不改变双自由基磁耦合常数的符号；② 质子化之前，反/顺亚苄基苯胺桥连双自由基的磁耦合作用归因于耦合单元其 HOMO 良好的调节能力；③ 质子化之后，反/顺亚苄基苯胺桥连双自由基的磁耦合作用显著增强归因于耦合单元其 LUMO 良好的调节能力；较低的 LUMO 能级有利于促进磁耦合作用；④ 通过比较等电子体反/顺亚苄基苯胺、偶氮苯和二苯乙烯桥连硝基氧双自由基质子化前后的磁耦合强度，发现它们之间存在较好的线性关系；⑤ 质子诱导的磁性增强、硝基氧基团三种不同连接方式或不同耦合单元桥连双自由基其磁耦合差异可以借助双自由基分子结构特征、自旋极化加以分析。这项工作为质子诱导法实现双自由基磁耦合作用的调控进一步奠定了理论基础并拓宽了科研思路。

（6）本工作选用常见的 N 型半导体化合物全氟并五苯作为目标分子，

全面系统地探究了由结构振动诱导所呈现的潜在脉冲双自由基性质。研究发现，在静态平衡构型时，全氟并五苯为闭壳层单重态分子，没有双自由基性质。但是持续的结构振动可以诱导全氟并五苯的某些瞬时正/负位移振动模式展现出双自由基性质，类似于母体并五苯分子。其中能引起单-三重态能量差变小的结构、能降低 HOMO-LUMO 能差的结构、能缩短交联碳碳键的结构以及扭曲碳环结构所对应的振动模式对全氟并五苯双自由基性质的呈现贡献较大。有趣的是随着振动幅度从负位移到正位移变化，这些双自由基模式其单-三重态与 HOMO-LUMO 能量差会随振动幅度的增大而逐渐减小，诱导双自由基性质呈现出周期性的脉冲行为。另外与并五苯相比，全氟化作用明显增加了双自由基模式的数目，其中有 19 种双自由基振动模式出现在低频区，这对磁性材料的设计非常有利。显然，像全氟并五苯这类分子其潜在的脉冲双自由基性质以及可控的动态磁性可以为磁性材料的设计提供一定借鉴。

简言之，本书主要采用密度泛函理论，对由耦合单元桥连两自由基基团而成的一类双自由基其磁性特征包括磁性大小与磁性行为，与另一类具有凯库勒结构的分子其动态磁性特征进行了全面讨论与验证，并系统探究了双自由基磁耦合相互作用的机理。本书运用氧化还原、双氮掺杂、质子诱导以及结构振动四种方式对双自由基的磁性进行调控，进一步丰富了有机双自由基实现调控磁性的方式；并主要从几何特征、自旋极化、耦合单元的芳香性、耦合单元与自旋中心之间轨道及其轨道能级的匹配性等方面阐述它们的磁性大小，同时借助自旋交替规则、SOMO 效应以及 SOMO-SOMO 能级分裂解释它们的磁性行为，为双自由基磁性分子的合理设计与合成提供了非常有价值的理论支持。

虽然该工作在有机双自由基磁性材料分子方面取得了阶段性进展，但仍存在些许不足有待进一步改进与完善。例如：① 由于计算资源的限制，本书所有双自由基分子磁耦合常数的计算选用了 B3LYP 与 M06-2X 方法，事实上采用从头算或后 HF 方法（比如 CASSCF、MP2 等）计算结果会更加精确；② 氧化还原法、双氮掺杂及双电子氧化诱导效应实现磁性调控更详细的机理仍需进一步探索；③ 理论上设计的这些双自由基磁耦合相互作用都相对较强，但是在实验上要成功合成仍需做很大努力，合成硝基氧系列双自由基行之有效的方法仍需进一步摸索；④ 本书设计的双自由基分子通过四种不同方法可以实现磁性大小或磁性行为的改变，均可以用于设计磁性分子开关，但是如何将这些材料分子真正用于器件设计仍面临很多困难。因此接下来的工作，要尽可能以实验上有关双自由基方面所取得的进展为基础，然后结合理论计算继续合理设计一系列双自由基磁性分子，并发展可以调控磁性更有效的方法。

参考文献

［1］ Kahn O, Kröber J, Jay C. Spin Transition Molecular Materials for Displays and Data Recording ［J］. Adv. Mater, 1992, 4 (11): 718-728.

［2］ Prinz G A. Magnetoelectronics ［J］. Science, 1998, 282 (5394): 1660-1663.

［3］ Uji S, Shinagawa H, Terashima T, et al. Magnetic-Field-Induced Superconductivity in a Two-Dimensional Organic Conductor ［J］. Nature, 2001, 410 (6831): 908-910.

［4］ Real J A, Gaspar A B, Munoz M C. Thermal, Pressure and Light Switchable Spin-Crossover Materials ［J］. Dalton Trans, 2005 (12): 2062-2079.

［5］ Vérot M, Rota J. B, Kepenekian M, et al. Magnetic and Conduction Properties in 1D Organic Radical Materials: An Ab Initio Inspection for a Challenging Quest ［J］. Phys. Chem. Chem. Phys, 2011, 13 (14): 6657-6661.

［6］ Zheng Y, Wudl F. Organic Spin Transporting Materials: Present and Future ［J］. J. Mater. Chem. A, 2014, 2 (1): 48-57.

［7］ 袁梅, 王新益, 张闻, 等. 分子磁性材料及其研究进展 ［J］. 大学化学, 2012, 27（5）: 1-8.

［8］ Wende H, Bernien M, Luo J, et al. Substrate-Induced Magnetic Ordering and Switching of Iron Porphyrin Molecules ［J］. Nat. Mater, 2007, 6 (7): 516-520.

［9］ 卫晓琴. 基于 4d 金属 Mo 的分子磁性材料研究 ［D］. 南京: 南京大学, 2019.

［10］ 史乐, 吴冬青, 卫晓琴, 等. 基于[$Mo(CN)_7$]$^{4-}$的分子磁性材料研究进展 ［J］. 中国科学: 化学, 2020, 50（11）: 1637-1653.

［11］ Tamura M, Nakazawa Y, Shiomi D, et al. Bulk Ferromagnetism in the β-Phase Crystal of the P-Nitrophenyl Nitronyl Nitroxide Radical ［J］. Chem. Phys. Lett, 1991, 186 (4/5): 401-404.

［12］ Nakazawa Y, Tamura M, Shirakawa N, et al. Low-Temperature Magnetic Properties of the Ferromagnetic Organic Radical, P-Nitrophenyl Nitronyl Nitroxide ［J］. Phys. Rev. B, 1992, 46 (14): 8906-8914.

［13］ Caneschi A, Ferraro F, Gatteschi D, et al. Ferromagnetic Order in the Sulfur-Containing Nitronyl Nitroxide Radical, 2- (4-Thiomethyl) -phenyl-4, 4, 5, 5-tetramethylimidazoline-l-oxyl-3-oxide, NIT (SMe) Ph ［J］. Adv. Mater, 1995, 7 (5): 476-478.

［14］ Matsushita M M, Izuoka A, Sugawara T, et al. Hydrogen-Bonded Organic Ferromagnet ［J］. J. Am. Chem. Soc, 1997, 119 (19): 4369-4379.

［15］ Banister A J, Bricklebank N, Lavender I, et al. Spontaneous Magnetization in a Sulfur-Nitrogen Radical at 36 K［J］. Angew. Chem. Int. Ed. Engl, 1996, 35 (21): 2533-2535.

［16］ Alberola A, Pask, C M, Rawson J M, et al. A Thiazyl-Based Organic Ferromagnet ［J］. Angew. Chem. Int. Ed, 2003, 42 (39): 4782-4785.

［17］ Ali M E, Datta S N. Polyacene Spacers in Intramolecular Magnetic Coupling ［J］. J. Phys. Chem. A 2006, 110 (49): 13232-13237.

［18］ Rajca A, Mukherjee S, Pink M, et al. Exchange Coupling Mediated Through-Bonds and Through-Space in Conformationally Constrained Polyradical Scaffolds: Calix［4］arene Nitroxide Tetraradicals and Diradical ［J］. J. Am. Chem. Soc, 2006, 128 (41): 13497-13507.

［19］ 冯逸伟. 双自由基磁性材料分子及其性质的理论研究 ［D］. 济南：山东大学, 2017.

［20］ Ratera I I, Veciana J J. Playing with Organic Radicals as Building Blocks for Functional Molecular Materials ［J］. Chem. Soc. Rev. 2012, 41 (1): 303-349.

［21］ Gomberg M. An Instance of Trivalent Carbon: Triphenylmethyl ［J］. J. Am. Chem. Soc. 1900, 22 (11): 757-771.

［22］ Rajca A, Takahashi M, Pink M, et al. Conformationally Constrained, Stable, Triplet Ground State (S = 1) Nitroxide Diradicals. Antiferromagnetic Chains of S = 1 Diradicals ［J］. J. Am. Chem. Soc, 2007, 129 (33): 10159- 10170.

［23］ Ali Md. E, Datta S N. Broken-Symmetry Density Functional Theory Investigation on Bis-nitronyl Nitroxide Diradicals: Influence of Length and Aromaticity of Couplers ［J］. J. Phys. Chem. A, 2006, 110 (8): 2776-2784.

［24］ Bhattacharya D, Misra A. Density Functional Theory Based Study of Magnetic Interaction in Bis-Oxoverdazyl Diradicals Connected by Different Aromatic Couplers ［J］. J. Phys. Chem. A, 2009, 113 (18): 5470-5475.

［25］ Matsuda K, Irie M A. Diarylethene with Two Nitronyl Nitroxides: Photoswitching of Intramolecular Magnetic Interaction ［J］. J. Am. Chem. Soc, 2000, 122 (30), 7195-7201.

［26］ Tanifuji N, Irie M, Matsuda, K. New Photoswitching Unit for Magnetic Interaction: Diarylethene with 2, 5-Bis (arylethynyl) -3-Thienyl Group ［J］. J. Am. Chem. Soc, 2005, 127 (38): 13344-13353.

［27］ Ali Md. E, Datta S N. Density Functional Theory Prediction of Enhanced Photomagnetic Properties of Nitronyl Nitroxide and Imino Nitroxide Diradicals with Substituded Dihydropyrene Couplers［J］. J. Phys. Chem. A, 2006, 110 (36): 10525-10527.

［28］ Ciofini I, Lainé P P, Zamboni, M, et al. Intramolecular Spin Alignment in Photomagnetic Molecular Devices: A Theoretical Study［J］. Chem. —Eur. J, 2007, 13 (19): 5360-5377.

［29］ Shil S, Misra A. Photoinduced Antiferromagnetic to Ferromagnetic Crossover in Organic Systems ［J］. J. Phys. Chem. A, 2010, 114 (4): 2022-2027.

［30］ Saha A, Latif I A, Datta, S N. Photoswitching Magnetic Crossover in Organic Molecular Systems［J］. J. Phys. Chem. A, 2011, 115 (8): 1371-1379.

［31］ Pal A K, Hansda S, Datta S. N, et al. Theoretical Investigation of Stilbene as Photochromic Spin Coupler ［J］. J. Phys. Chem. A, 2013, 117 (8), 1773-1783.

［32］ Okuno K, Shigeta Y, Kishi R, et al. Photochromic Switching of Diradical Character: Design of Efficient Nonlinear Optical Switches ［J］. J. Phys. Chem. Lett. 2013, 4 (15): 2418-2422.

［33］ Ali Md. E, Staemmler V, Illas F, et al. Designing the Redox-Driven Switching of Ferro-to Antiferromagnetic Couplings in Organic Diradicals ［J］. J. Chem. Theory Comput, 2013, 9 (12): 5216-5220.

［34］ Zhang F Y, Song X Y, Bu Y X. Redox-Modulated Magnetic Transformations between Ferro-and Antiferromagnetism in Organic Systems: Rational Design of Magnetic Organic Molecular Switches ［J］. J. Phys. Chem. C, 2015, 119 (50): 27930-27937.

［35］ 宋枚育. 具有双自由基特性的类石墨烯材料分子设计及磁性质研究 ［D］. 济南：山东大学，2018.

［36］ Sandberg M O, Nagao O, Wu Z, et al. Generation of A Triplet Diradical from a Donor-Acceptor cross Conjugate upon Acid-Induced Electron Transfer ［J］. Chem. Commun, 2008, (32): 3738-3740.

［37］ Yamashita H, Abe J. Remarkable Solvatochromic Color Change via Proton Tautomerism of a Phenol-Linked Imidazole Derivative ［J］. J. Phys. Chem. A, 2014, 118 (8): 1430-1438.

［38］ Ali M E, Oppeneer P M. Influence of Noncovalent Cation/Anion- π Interactions on the Magnetic Exchange Phenomenon ［J］. J. Phys. Chem. Lett, 2011, 2 (9): 939-943.

［39］ Souto M, Guasch J, Lloveras V, et al. Thermomagnetic Molecular System Based on TTF-PTM Radical: Switching the Spin and Charge Delocalization ［J］. J. Phys. Chem. Lett, 2013, 4 (16): 2721-2726.

［40］ Sarbadhikary P, Shil S, Panda A, et al. A Perspective on Designing Chiral Organic Magnetic Molecules with Unusual Behavior in Magnetic Exchange Coupling ［J］. J. Org. Chem, 2016, 81 (13): 5623-5630.

［41］ Nam Y, Cho D, Lee J Y. Doping Effect on Edge-Terminated Ferromagnetic Graphene Nanoribbons ［J］. J. Phys. Chem. C, 2016, 120 (20): 11237-11244.

［42］ Sato O, Tao J, Zhang Y-Z. Control of Magnetic Properties through External Stimuli ［J］. Angew. Chem. Int. Ed, 2007, 46 (13): 2152-2187.

［43］ Dommaschk M, Schütt C, Venkataramani S, et al. Rational Design of a Room Temperature Molecular Spin Switch. The Light-Driven Coordination

Induced Spin State Switch (LD-CISSS) Approach [J]. Dalton Trans, 2014, 43 (46): 17395-17405.

[44] 杨洪芳. 石墨烯片及其衍生物的磁性耦合相互作用的理论研究 [D]. 济南：山东大学, 2014.

[45] Son Y W, Cohen M. L, Louie S G. Half-Metallic Graphene Nanoribbons[J]. Nature, 2006, 444 (7117): 347-349.

[46] Han M Y, Özyilmaz B, Zhang Y, et al. Energy Band-Gap Engineering of Graphene Nanoribbons [J]. Phys. Rev. Lett. 2007, 98 (20): 206805.

[47] Li X, Wang X, Zhang L, et al. Chemically Derived, Ultrasmooth Graphene Nanoribbon Semiconductors [J]. Science, 2008, 319 (5867): 1229-1232.

[48] Lou P, Lee J Y. Spin Controlling in Narrow Zigzag Silicon Carbon Nanoribbons by Carrier Doping [J]. J. Phys. Chem. C, 2010, 114 (24): 10947-10951.

[49] Park H, Lee J Y, Shin S. Computational Study on Removal of Epoxide from Narrow Zigzag Graphene Nanoribbons [J]. J. Phys. Chem. C, 2014, 118 (46): 27123-27130.

[50] Bendikov M, Duong H M, Starkey K., et al. Oligoacenes: Theoretical Prediction of Open-Shell Singlet Diradical Ground States[J]. J. Am. Chem. Soc, 2004, 126 (24): 7416-7417.

[51] Jiang D E, Dai S. Electronic Ground State of Higher Acenes [J]. J. Phys. Chem. A, 2008, 112 (2): 332-335.

[52] Qu Z X, Zhang D W, Liu, C G, et al. Open-Shell Ground State of Polyacenes: A Valence Bond Study [J]. J. Phys. Chem. A, 2009, 113 (27): 7909-7914.

[53] Dimitrakopoulos C D, Brown A R, Pomp A. Molecular Beam Deposited Thin Films of Pentacene for Organic Field Effect Transistor Applications [J]. J. Appl. Phys, 1996, 80 (4): 2501-2508.

[54] Afzali A, Dimitrakopoulos C D, Breen T L. High-Performance, Solution-Processed Organic Thin Film Transistors from a Novel Pentacene Precursor [J]. J. Am. Chem. Soc, 2002, 124 (30): 8812-8813.

［55］ Ruiz R, Papadimitratos A, Mayer A C, et al. Thickness Dependence of Mobility in Pentacene Thin-Film Transistors［J］. Adv. Mater, 2005, 17 (14): 1795-1798.

［56］ Yun D J, Lee S, Yong K, et al. Low-Voltage Bendable Pentacene Thin-Film Transistor with Stainless Steel Substrate and Polystyrene-Coated Hafnium Silicate Dielectric ［J］. Appl. Mater. Interfaces, 2012, 4 (4): 2025-2032.

［57］ Yang H F, Chen M Z, Song X Y, et al. Structural Fluctuation Governed Dynamic Diradical Character in Pentacene ［J］. Phys. Chem. Chem. Phys. 2015, 17 (21): 13904-13914.

［58］ Wolak M A, Jang B B, Palilis L C, et al. Functionalized Pentacene Derivatives for Use as Red Emitters in Organic Light-Emitting Diodes ［J］. J. Phys. Chem. B, 2004, 108 (18): 5492-5499.

［59］ Lim Y. F, Shu Y, Parkin S. R, et al. Soluble N-type Pentacene Derivatives as Novel Acceptors for Organic Solar Cells［J］. J. Mater. Chem, 2009, 19 (19): 3049-3056.

［60］ Katsuta S, Miyagi D, Yamada H, et al. Synthesis, Properties, and Ambipolar Organic Field-Effect Transistor Performances of Symmetrically Cyanated Pentacene and Naphthacene as Air-Stable Acene Derivatives ［J］. Org. Lett, 2011, 13 (6): 1454-1457.

［61］ Chen Y H, Shen L, Li, X Y. Effects of Heteroatoms of Tetracene and Pentacene Derivatives on Their Stability and Singlet Fission ［J］. J. Phys. Chem. A, 2014, 118 (30): 5700-5708.

［62］ Inoue Y, Sakamoto Y, Suzuki T, et al. Organic Thin-Film Transistors with High Electron Mobility Based on Perfluoropentacene ［J］. Jpn. J. Appl. Phys, 2005, 44 (6A): 3663-3668.

［63］ Sakamoto Y, Suzuki T, Kobayashi M, et al. Perfluoropentacene: High-Performance p-n Junctions and Complementary Circuits with Pentacene ［J］. J. Am. Chem. Soc, 2004, 126 (26): 8138-8140.

［64］ Medina B M, Beljonne D, Egelhaaf H J, et al. Effect of Fluorination on the Electronic Structure and Optical Excitations of π -Conjugated Molecules ［J］.

J. Chem. Phys, 2007, 126 (11): 111101.

［65］ Kera S, Hosoumi S, Sato K, et al. Experimental Reorganization Energies of Pentacene and Perfluoropentacene: Effects of Perfluorination ［J］. J. Phys. Chem. C, 2013, 117 (43): 22428-22437.

［66］ Zhang F Y, Feng Y W, Song X Y, et al. Computational Insights into Intriguing Vibration-Induced Pulsing Diradical Character in Perfluoropentacene and the Perfluorination Effect. Phys. Chem. Chem. Phys, 2016, 18 (24): 16179-16187.

［67］ Abe M. Diradicals ［J］. Chem. Rev, 2013, 113 (9): 7011-7088.

［68］ Rajca A, Wongsriratanakul J, Rajca S. Magnetic Ordering in an Organic Polymer ［J］. Science, 2001, 294 (5546): 1503-1505.

［69］ Rajca A, Wongsriratanakul J, Rajca S. Organic Spin Clusters: Macrocyclic-Macrocyclic Polyarylmethyl Polyradicals with Very High Spin S = 5-13 ［J］. J. Am. Chem. Soc, 2004, 126 (21): 6608-6626.

［70］ Ventosa N, Ruiz-Molina D, Sedó J, et al. Influence of the Molecular Surface Characteristics of the Diastereoisomers of a Quartet Molecule on their Physicochemical Properties: A Linear Solvation Free-Energy Study ［J］. Chem. —Eur. J, 1999, 5 (12): 3533-3548.

［71］ Kohn W, Sham L J. Self-Consistent Equations Including Exchange and Correlation Effects ［J］. Phys. Rev, 1965, 140 (4A): A1133-A1138.

［72］ Lee C, Yang W, Parr R G. Development of the Colle-Salvetti Correlation-Energy Formula into a Functional of the Electron Density ［J］. Phys. Rev. B, 1988, 37 (2): 785-789.

［73］ Becke A D. Density-Functional Thermochemistry. III. The Role of Exact Exchange ［J］. J. Chern. Phys, 1993, 98 (7): 5648-5652.

［74］ Miehlich B, Savin A, Stoll H, et al. Results Obtained with the Correlation Energy Density Functionals of Becke and Lee, Yang and Parr ［J］. Chem. Phys. Lett, 1989, 157 (3): 200-206.

［75］ Becke A D. Density-Functional Exchange-Energy Approximation with Correct Asymptotic Behavior ［J］. Phys. Rev. A, 1988, 38 (6): 3098-3100.

［76］ Zhao Y, Truhlar D G. The M06 Suite of Density Functionals for Main Group Thermochemistry, Thermochemical Kinetics, Noncovalent Interactions, Excited States, and Transition Elements: Two New Functionals and Systematic Testing of Four M06-Class Functionals and 12 Other Functionals ［J］. Theor. Chem. Acc, 2008, 120 (1-3): 215-241.

［77］ Zhao Y, Truhlar D G. Applications and Validations of the Minnesota Density Functionals ［J］. Chem. Phys. Lett, 2011, 502 (1-3): 1-13.

［78］ Kurmoo M. Magnetic Metal-Organic Frameworks ［J］. Chem. Soc. Rev, 2009, 38 (5), 1353-1379.

［79］ Vérot M, Rota J B, Kepenekian M, et al. Magnetic and Conduction Properties in 1D Organic Radical Materials: An Ab Initio Inspection for a Challenging Quest［J］. Phys. Chem. Chem. Phys, 2011, 13 (14): 6657-6661.

［80］ Itkis M E, Chi X, Cordes A W, et al. Magneto-Opto-Electronic Bistability in a Phenalenyl-Based Neutral Radical ［J］. Science, 2002, 296 (5572): 1443-1445.

［81］ Yoo J W, Chen C Y, Jang H W, et al. Spin Injection/Detection Using an Organic-Based Magnetic Semiconductor ［J］. Nat. Mater, 2010, 9 (8): 638-642.

［82］ Scepaniak J J, Harris T D, Vogel C S, et al. Spin Crossover in a Four-Coordinate Iron (II) Complex ［J］. J. Am. Chem. Soc, 2011, 133 (11): 3824-3827.

［83］ Santoro A, Kershaw Cook L J, Kulmaczewski R, et al. Iron (II) Complexes of Tridentate Indazolylpyridine Ligands Enhanced Spin- Crossover Hysteresis and Ligand-Based Fluorescence ［J］. Inorg. Chem, 2015, 54 (2): 682-693.

［84］ Koivisto B D, Ichimura A S, McDonald R, et al. Intramolecular π-Dimerization in a 1, 1'-Bis (verdazyl) ferrocene Diradical［J］. J. Am. Chem. Soc, 2006, 128 (3): 690-691.

［85］ Yu X, Mailman A, Lekin K, et al. Semiquinone-Bridged Bisdithiazolyl Radicals as Neutral Radical Conductors ［J］. J. Am. Chem. Soc. 2012, 134

(4), 2264-2275.

［86］ Buck A T, Paletta J T, Khindurangala S A, et al. A Noncovalently Reversible Paramagnetic Switch in Water［J］. J. Am. Chem. Soc, 2013, 135 (29): 10594-10597.

［87］ Geraskina M R, Buck A T, Winter A H. An Organic Spin Crossover Material in Water from a Covalently Linked Radical Dyad［J］. J. Org. Chem, 2014, 79 (16): 7723-7727.

［88］ Klatt L N, Rouseff R L. Electrochemical Reduction of Pyrazine in Aqueous Media［J］. J. Am. Chem. Soc, 1972, 94 (21): 7295-7304.

［89］ Colombo M, Vallese S, Peretto I, et al. Synthesis and Biological Evaluation of 9-Oxo-9H-Indeno［1, 2-b］Pyrazine-2, 3-Dicarbonitrile Analogues as Potential Inhibitors of Deubiquitinating Enzymes［J］. Chem Med Chem, 2010, 5 (4): 552-558.

［90］ Shu C. K. Pyrazine Formation from Serine and Threonine［J］. J. Agric. Food Chem, 1999, 47 (10): 4332-4335.

［91］ Wu Q, Deng C, Peng Q, et al. Quantum Chemical Insights into the Aggregation Induced Emission Phenomena: A QM/MM Study for Pyrazine Derivatives［J］. J. Comput. Chem, 2012, 33 (23): 1862-1869.

［92］ DuBois C J, Abboud K A, Reynolds J R. Electrolyte-Controlled Redox Conductivity and N-Type Doping in Poly (Bis-EDOT-Pyridine)s［J］. J. Phys. Chem. B, 2004, 108 (25): 8550-8557.

［93］ Jurss J W, Khnayzer R S, Panetier J A, et al. Bioinspired Design of Redox-Active Ligands for Multielectron Catalysis: Effects of Positioning Pyrazine Reservoirs on Cobalt for Electro-and Photocatalytic Generation of Hydrogen from Water［J］. Chem. Sci, 2015, 6 (8): 4954-4972.

［94］ Catala L, Le Moigne J, Gruber N, et al. Towards a Better Understanding of Magnetic Interactions within m-Phenylene α-Nitronyl Nitroxide and Imino Nitroxide Based Radicals, Part III: Magnetic Exchange in a Series of Triradicals and Tetraradicals Based on the Phenyl Acetylene and Biphenyl Coupling Units［J］. Chem. Eur. J, 2005, 11 (8): 2440-2454.

［95］ Trindle C, Datta S N. Molecular Orbital Studies on the Spin States of Nitroxide Species: Bis-and Tris-nitroxymetaphenylene, 1, 1-Bisnitroxy- phenylethylene, and 4, 6-Dimethoxy-1, 3-dialkylnitroxybenzenes［J］. Int. J. Quantum Chem, 1996, 57 (4): 781-799.

［96］ Trindle C, Datta S N, Mallik B. Phenylene Coupling of Methylene Sites. The Spin States of Bis (X-methylene) -p-phenylenes and Bis (chloromethylene) -m-phenylene ［J］. J. Am. Chem. Soc, 1997, 119 (52): 12947-12951.

［97］ Borden W T, Davidson E R. Effects of Electron Repulsion in Conjugated Hydrocarbon Diradicals ［J］. J. Am. Chem. Soc, 1977, 99 (14): 4587-4594.

［98］ Schleyer P. v. R, Maerker C, Dransfeld A, et al. Nucleus-Independent Chemical Shifts: A Simple and Efficient Aromaticity Probe ［J］. J. Am. Chem. Soc, 1996, 118 (26): 6317-6318.

［99］ Chen Z, Wannere C S, Corminboeuf C, et al. Nucleus-Independent Chemical Shifts (NICS) as an Aromaticity Criterion ［J］. Chem. Rev, 2005, 105 (10): 3842-3888.

［100］ Noodleman L, Baerends E J. Electronic Structure, Magnetic Properties, ESR, and Optical Spectra for 2-Fe Ferredoxin Models by LCAO-X α Valence Bond Theory ［J］. J. Am. Chem. Soc, 1984, 106 (8): 2316-2327.

［101］ Noodleman L, Peng C Y, Case D A, et al. Orbital Interactions, Electron Delocalization and Spin Coupling in Iron-Sulfur Clusters ［J］. Coord. Chem. Rev, 1995, 144 (C): 199-244.

［102］ Yamaguchi K, Takahara Y, Fueno T, et al. Ab Initio MO Calculations of Effective Exchange Integrals between Transition-Metal Ions via Oxygen Dianions: Nature of the Copper-Oxygen Bonds and Superconductivity ［J］. Jpn. J. Appl. Phys, 1987, 26 (8): L1362-L1364.

［103］ Yamaguchi K, Jensen F, Dorigo A, et al. A Spin Correction Procedure for Unrestricted Hartree-Fock and Møller-Plesset Wavefunctions for Singlet Diradicals and Polyradicals ［J］. Chem. Phys. Lett, 1988, 149 (5-6): 537-542.

［104］ Ginsberg A P. Magnetic Exchange in Transition Metal Complexes. 12.

Calculation of Cluster Exchange Coupling Constants with the Xα-Scattered Wave Method [J]. J. Am. Chem. Soc, 1980, 102 (): 111-117.

[105] Frisch M J, Trucks G W, Schlegel H B, et al. Gaussian 03, Revision B. 01, Gaussian, Inc. : Wallingford, CT, 2004.

[106] Frisch M J, Trucks G W, Schlegel H B, et al. Gaussian 09, Revision B. 01, Gaussian, Inc. : Wallingford, CT, 2009.

[107] Constantinides C P, Koutentis P A, Schatz J. A DFT Study of the Ground State Multiplicities of Linear vs Angular Polyheteroacenes [J]. J. Am. Chem. Soc, 2004, 126 (49): 16232-16241.

[108] Sadhukhan T, Hansda S, Latif I A, et al. Metaphenylene-Based Nitroxide Diradicals: A Protocol To Calculate Intermolecular Coupling Constant in a One-Dimensional Chain [J]. J. Phys. Chem. A, 2013, 117 (49): 13151-13160.

[109] Ali M E, Oppeneer P M, Datta S N. Influence of Solute-Solvent Hydrogen Bonding on Intramolecular Magnetic Exchange Interaction in Aminoxyl Diradicals: A QM/MM Broken-Symmetry DFT Study [J]. J. Phys. Chem. B, 2009, 113 (16): 5545-5548.

[110] Rajca A, Takahashi M, Pink M, et al. Conformationally Constrained, Stable, Triplet Ground State (S = 1) Nitroxide Diradicals. Antiferromagnetic Chains of S = 1 Diradicals [J]. J. Am. Chem. Soc, 2007, 129 (33): 10159-10170.

[111] Hoffmann R, Zeiss G D, Van Dine G W. The Electronic Structure of Methylenes [J]. J. Am. Chem. Soc, 1968, 90 (6): 1485-1499.

[112] Zhang G, Li, S, Jiang Y. Effects of Substitution on the Singlet-Triplet Energy Splittings and Ground-State Multiplicities of m-Phenylene-Based Diradicals: A Density Functional Theory Study [J]. J. Phys. Chem. A, 2003, 107 (29): 5573-5582.

[113] Shultz D A, Fico R M, Lee H, et al. Mechanisms of Exchange Modulation in Trimethylenemethane-Type Biradicals: The Roles of Conformation and Spin Density [J]. J. Am. Chem. Soc, 2003, 125 (50): 15426-15432.

［114］ Barone V, Boilleau C, Cacelli I, et al. Conformational Effects on the Magnetic Properties of an Organic Diradical: A Computational Study ［J］. J. Chem. Theory Comput, 2013, 9 (4): 1958-1963.

［115］ Zhang F Y, Luo Q, Song X F, et al. Intriguing Diaza Effects on Magnetic Coupling Characteristics in Diaza-Benzo ［k］ Tetraphene-Bridged Nitroxide Diradicals ［J］. Int. J. Quantum Chem, 2018, 118 (18): e25693.

［116］ 王琦. 卟啉基磁性分子及组装体磁性调控研究 ［D］. 济南：山东大学, 2020.

［117］ Malik R, Bu Y X. Intramolecular Proton Transfer Modulation of Magnetic Spin Coupling Interaction in Photochromic Azobenzene Derivatives with an Ortho-Site Hydroxyl as a Modulator ［J］. J. Phys. Chem. A, 2022, 126 (49): 9165-9177.

［118］ Malik R, Bu Y X. Proton-Transfer Regulated Magnetic Coupling Characteristics in Blatter-Based Diradicals ［J］. New J. Chem, 2023, 47 (14): 6903-6915.

［119］ Shil S, Roy M, Misra A. Role of the Coupler to Design Organic Magnetic Molecules: LUMO Plays an Important Role in Magnetic Exchange ［J］. RSC Adv, 2015, 5 (128): 105574-105582.

［120］ Zhang F Y, Feng Y W, Song X Y, et al. Enhancing Magnetic Coupling through Protonation of Benzylideneaniline-Bridged Diradicals and Comparison with Stilbene-and Azobenzene-Based Diradicals ［J］. RSC Adv, 2022, 12 (48): 31442-31450.

［121］ Cho D, Ko K C, Lee J Y. Organic Magnetic Diradicals (Radical-Coupler-Radical): Standardization of Couplers for Strong Ferromagnetism ［J］. J. Phys. Chem. A, 2014, 118 (27): 5112-5121.

［122］ Cho D, Ko K C, Lee J Y. Quantum Chemical Approaches for Controlling and Evaluating Intramolecular Magnetic Interactions in Organic Diradicals ［J］. Int. J. Quantum Chem, 2016, 116 (8): 578-597.

［123］ Bencini A, Gatteschi D, Totti F. Density Functional Modeling of Long Range Magnetic Interactions in Binuclear Oxomolybdenum (V)

Complexes〔J〕. J. Phys. Chem. A, 1998, 102 (51): 10545-10551.

〔124〕 Fleming I. Mah T. A Simple Synthesis of Anthracenes〔J〕. J. Chem. Soc. Perkin Trans. 1, 1975, (10): 964-965.

〔125〕 Langhoff S R, Bauschlicher C W, Hudgins D M, et al. Infrared Spectra of Substituted Polycyclic Aromatic Hydrocarbons〔J〕 J. Phys. Chem. A 1998, 102 (9): 1632-1646.

〔126〕 Anthony J E. Functionalized Acenes and Heteroacenes for Organic Electronics〔J〕. Chem. Rev. 2006, 106 (12): 5028-5048.

〔127〕 Feng X, Marcon V, Pisula W, et al. Towards High Charge-Carrier Mobilities by Rational Design of the Shape and Periphery of Discotics〔J〕. Nat. Mater. 2009, 8 (5): 421-426.

〔128〕 Liu J, Dienel T, Liu J, et al. Building Pentagons into Graphenic Structures by On-Surface Polymerization and Aromatic Cyclodehydrogenation of Phenyl-Substituted Polycyclic Aromatic Hydrocarbons〔J〕. J. Phys. Chem. C 2016, 120 (31): 17588-17593.

〔129〕 Zhang Z, Lei T, Yan Q, et al. Electron-Transporting PAHs with Dual Perylenediimides: Syntheses and Semiconductive Characterizations〔J〕. Chem. Comm. 2013, 49 (28): 2882-2884.

〔130〕 Wu B, Yoshikai N. Conversion of 2-Iodobiaryls into 2, 2′-Diiodobiaryls via Oxidation-Iodination Sequences: A Versatile Route to Ladder-Type Heterofluorenes〔J〕. Angew. Chem. Int. Ed. 2015, 54 (30): 8736-8739.

〔131〕 Liu J, Narita A, Osella S, et al. Unexpected Scholl Reaction of 6, 7, 13, 14-Tetraarylbenzo〔k〕tetraphene: Selective Formation of Five-Membered Rings in Polycyclic Aromatic Hydrocarbons〔J〕. J. Am. Chem. Soc. 2016, 138 (8): 2602-2608.

〔132〕 Borosky G L, Laali K K. Theoretical Study of Aza-Polycyclic Aromatic Hydrocarbons (Aza-PAHs), Modelling Carbocations from Oxidized Metabolites and Their Covalent Adducts with Representative Nucleophiles〔J〕. Org. Biomol. Chem. 2005, 3 (7): 1180-1188.

〔133〕 Li G, Wu Y, Gao J, et al. Synthesis and Physical Properties of Four

參考文献

Hexazapentacene Derivatives〔J〕. J. Am. Chem. Soc. 2012, 134 (50): 20298-20301.

〔134〕 Herz J, Buckup T, Paulus F, et al. Acceleration of Singlet Fission in an Aza-Derivative of TIPS-Pentacene〔J〕. J. Phys. Chem. Lett. 2014, 5 (14): 2425-2430.

〔135〕 Izuhara D, Swager T M. Poly (Pyridinium Phenylene) s: Water-Soluble N-Type Polymers〔J〕. J. Am. Chem. Soc. 2009, 131 (49): 17724-17725.

〔136〕 Bandara H D, Burdette S C. Photoisomerization in Different Classes of Azobenzene〔J〕. Chem. Soc. Rev. 2012, 41 (5): 1809-1825.

〔137〕 Raymo F M, Tomasulo M. Electron and Energy Transfer Modulation with Photochromic Switches〔J〕. Chem. Soc. Rev. 2005, 34 (4): 327-336.

〔138〕 Qiu Y, Antony L W, de Pablo J J, et al. Photostability Can Be Significantly Modulated by Molecular Packing in Glasses〔J〕. J. Am. Chem. Soc, 2016, 138 (35): 11282-11289.

〔139〕 Banghart M R, Mourot A, Fortin D L, et al. Photochromic Blockers of Voltage-Gated Potassium Channels〔J〕. Angew. Chem. Int. Ed, 2009, 48 (48): 9097-9101.

〔140〕 Wang F, Liu X, Willner I. DNA Switches: From Principles to Applications〔J〕. Angew. Chem, Int. Ed, 2015, 54 (4): 1098-1129.

〔141〕 Nakatsuji S I, Fujino M, Hasegawa S, et al. Azobenzene Derivatives Carrying a Nitroxide Radical〔J〕. J. Org. Chem. 2007, 72 (6): 2021-2029.

〔142〕 Datta S N, Pal A K, Hansda S, et al. On the Photomagnetism of Nitronyl Nitroxide, Imino Nitroxide, and Verdazyl-Substituted Azobenzene〔J〕. J. Phys. Chem. A, 2012, 116 (12): 3304-3311.

〔143〕 Tuma C, Sauer J. Treating Dispersion Effects in Extended Systems by Hybrid MP2: DFT Calculations—Protonation of Isobutene in Zeolite Ferrierite〔J〕. Phys. Chem. Chem. Phys, 2006, 8 (34): 3955-3965.

〔144〕 Nissen P, Hansen J, Ban N, et al. The Structural Basis of Ribosome Activity in Peptide Bond Synthesis〔J〕. Science, 2000, 289 (5481): 920-930.

［145］ Sokalski W A, Gora R W, Bartkowiak W. et al, J. New Theoretical Insight into the Thermal cis-trans Isomerization of Azo Compounds: Protonation Lowers the Activation Barrier ［J］. J. Chem. Phys, 2001, 114 (13): 5504-5508.

［146］ Féraud G, Dedonder-Lardeux C, Jouvet C, et al. Photodissociation UV-Vis Spectra of Cold Protonated Azobenzene and 4- (Dimethylamino) azobenzene and Their Benzenediazonium Cation Fragment ［J］. J. Phys. Chem. A, 2016, 120 (22): 3897-3905.

［147］ Ko K C, Cho D, Lee J Y. Systematic Approach To Design Organic Magnetic Molecules: Strongly Coupled Diradicals with Ethylene Coupler ［J］. J. Phys. Chem. A, 2012, 116 (25): 6837-6844.

［148］ Polo V, Alberola A, Andres J, et al. Towards Understanding of Magnetic Interactions Within a Series of Tetrathiafulvalene- π Conjugated-verdazyl Diradical Cation System: A Density Functional Theory Study ［J］. Phys. Chem. Chem. Phys, 2008, 10 (6): 857-864.

［149］ Rosokha S V, Sun D L, Kochi J K. Conformation, Distance, and Connectivity Effects on Intramolecular Electron Transfer between Phenylene-Bridged Aromatic Redox Centers ［J］. J. Phys. Chem. A, 2002, 106 (10): 2283-2292.

［150］ Reuter L G, Bonn A G, Stückl A C, et al. Charge Delocalization in a Homologous Series of α, α'-Bis (dianisylamino) -Substituted Thiophene Monocations ［J］. J. Phys. Chem. A, 2012, 116 (27): 7345-7352.

［151］ Irie M, Fukaminato T, Matsuda K, et al. Photochromism of Diarylethene Molecules and Crystals: Memories, Switches, and Actuators ［J］. Chem. Rev, 2014, 114 (24): 12174-12277.

［152］ Katsuki T. Unique Asymmetric Catalysis of Cis- β Metal Complexes of Salen and its Related Schiff-base Ligands ［J］. Chem. Soc. Rev. 2004, 33 (7): 437-444.

［153］ Hu Y, Goodeal N, Chen Y, et al. Probing the Chemical Structure of Monolayer Covalent-Organic Frameworks Grown: Via Schiff-Base

Condensation Reactions [J]. Chem. Commun, 2016, 52 (64): 9941-9944.

[154] Chai J, Wu Y B, Yang B S, et al. The Photochromism, Light Harvesting and Self-Assembly Activity of a Multi-Function Schiff-Base Compound Based on the AIE Effect [J]. J. Mater. Chem. C, 2018, 6 (15): 4057-4064.

[155] Maji M, Acharya S, Bhattacharya I, et al. Effect of an Imidazole-Containing Schiff Base of an Aromatic Sulfonamide on the Cytotoxic Efficacy of N, N-Coordinated Half-Sandwich Ruthenium (II) p-Cymene Complexes [J]. Inorg. Chem, 2021, 60 (7): 4744-4754.

[156] Zhang X, Wu J Z, Qin Z L, et al. High-Performance Biobased Vinyl Ester Resin with Schiff Base Derived from Vanillin [J]. ACS Appl. Polym. Mater, 2022, 4 (4): 2604-2613.

[157] van Walree C A, Franssen O, Marsman A W, et al. Second-Order Nonlinear Optical Properties of Stilbene, Benzylideneaniline and Azobenzene Derivatives. The Effect of π-Bridge Nitrogen Insertion on the First Hyperpolarizability [J]. J. Chem. Soc. Perkin Trans. 2, 1997, (4): 799-807.

[158] Bao P, Yu Z H. Theoretical Studies on the Role of π-Electron Delocalization in Determining the Conformation of N-benzylideneaniline with Three Types of LMO Basis Sets [J]. J. Comput. Chem, 2006, 27 (7): 809-824.

[159] Óvári L, Luo Y, Leyssner F, et al. Adsorption and Switching Properties of a N-Benzylideneaniline Based Molecular Switch on a Au (111) Surface [J]. J. Chem. Phys, 2010, 133 (4): 044707.

[160] Gaenko A V, Devarajan A, Gagliardi L, et al. Ab Initio DFT Study of Z-E Isomerization Pathways of N-Benzylideneaniline [J]. Theor. Chem. Acc, 2007, 118 (1): 271-279.

[161] Luo Y, Utecht M, Dokić J, et al. cis-trans Isomerisation of Substituted Aromatic Imines: A Comparative Experimental and Theoretical Study [J]. Chem. Phys. Chem, 2011, 12 (12): 2311-2321.

[162] Kawatsuki N, Matsushita H, Washio T, et al. Photoinduced Orientation of

Photoresponsive Polymers with N-Benzylideneaniline Derivative Side Groups [J]. Macromolecules, 2014, 47 (1): 324-332.

[163] Wang L Y, Cao C T, Cao C Z. Effect of Substituent on the UV-Vis Spectra: An Extension from Disubstituted to Multi-Substituted Benzylideneanilines [J]. J. Phys. Org. Chem, 2016, 29 (6): 299-304.

[164] Mitsumori T, Koga N, Iwamura H. Magnetic Coupling between Two Phenoxyl Radicals Attachend to the Phenyl Rings of Cis-and Trans-Stilbenes [J]. J. Phys. Org. Chem. 1994, 7 (1): 43-49.

[165] Hamachi K, Matsuda K, Itoh T, et al. Synthesis of An Azobenzene Derivative Bearing Two Stable Nitronyl Nitroxide Radicals as Substituents and Its Magnetic Properties [J]. Bull. Chem. Soc. Jpn, 1998, 71 (12): 2937-2943.

[166] Zhang F Y, Song X Y, Bu Y X. Protonation-Enhanced Antiferromagnetic Couplings in Azobenzene-Bridged Diradicals [J]. J. Phys. Chem. C, 2017, 121 (32): 17160-17168.

[167] Xu H Y, Sohlberg K, Wei Y. Conformation of Protonated Trans-N-Benzylideneaniline: A Revisit [J]. J. Mol. Struct, 2003, 634 (1-3): 311-314.

[168] Bednarski H, Domański M, Weszka J, et al. First-Principles Studies of Internal Rotation in Protonated Trans-N-Benzylideneaniline [J]. J. Mol. Struct, 2009, 908 (1-3): 122-124.

[169] Kivelson S. Chapman O L. Polyacene and a New Class of Quasi-One-Dimensional Conductors [J]. Phys. Rev. B. 1983, 28 (12): 7236-7243.

[170] Wiberg K B. Properties of Some Condensed Aromatic Systems [J]. J. Org. Chem. 1997, 62 (17): 5720-5727.

[171] Schleyer P V R. Manoharan, M. Jiao, H. Stahl, F. The Acenes: Is There a Relationship between Aromatic Stabilization and Reactivity? [J]. Org. Lett. 2001, 3 (23): 3643-3646.

[172] Bendikov M. Wudl F. Perepichka D F. Tetrathiafulvalenes, Oligoacenenes, and Their Buckminsterfullerene Derivatives: The Brick and Mortar of Organic Electronics [J]. Chem. Rev, 2004, 104 (11): 4891-4945.

［173］ Qu Z, Zhang D, Liu C, et al. Open-Shell Ground State of Polyacenes: A Valence Bond Study ［J］. J. Phys. Chem. A 2009, 113 (27): 7909-7914.

［174］ Chakraborty H, Shukla A. Theory of Triplet Optical Absorption in Oligoacenes: from Naphthalene to Heptacene ［J］. J. Chem. Phys. 2014, 141 (16): 164301.

［175］ Dimitrakopoulos C D, Brown A R, Pomp A. Molecular Beam Deposited Thin Films of Pentacene for Organic Field Effect Transistor Applications ［J］. J. Appl. Phys. 1996, 80 (4): 2501-2508.

［176］ Schön J H, Berg S, Kloc C, et al. Ambipolar Pentacene Field-Effect Transistors and Inverters ［J］. Science 2000, 287 (5455): 1022-1023.

［177］ Ruiz R, Papadimitratos A, Mayer A C, et al. Thickness Dependence of Mobility in Pentacene Thin-Film Transistors ［J］. Adv. Mater. 2005, 17 (14): 1795-1798.

［178］ Facchetti A, Yoon M H, Marks T J. Gate Dielectrics for Organic Field-Effect Transistors: New Opportunities for Organic Electronics ［J］. Adv. Mater. 2005, 17 (14): 1705-1725.

［179］ Stoliar P, Kshirsagar R, Massi M, et al. Charge Injection across Self-assembly Monolayers in Organic Field-Effect Transistors: Odd-Even Effects ［J］. J. Am. Chem. Soc. 2007, 129 (20): 6477-6484.

［180］ Poletayev A D, Clark J, Wilson M W, et al. Triplet Dynamics in Pentacene Crystals: Applications to Fission-Sensitized Photovoltaics［J］. Adv. Mater. 2014, 26 (6): 919-924.

［181］ Coto P B, Sharifzadeh S, Neaton J B, et al. The Low-Lying Electronic Excited States of Pentacene Oligomers: A Comparative Electronic Structure Study in the Context of Singlet Fission ［J］. J. Chem. Theory Comput. 2015, 11 (1): 147-156.

［182］ Kaur I, Jia W, Kopreski R P, et al. Substituent Effects in Pentacenes: Gaining Control over HOMO-LUMO Gaps and Photooxidative Resistances ［J］. J. Am. Chem. Soc. 2008, 130 (48): 16274-16286.

［183］ Anthony J E, Brooks J S, Eaton D L, et al. Functionalized Pentacene:

Improved Electronic Properties from Control of Solid-State Order〔J〕. J. Am. Chem. Soc. 2001, 123 (38): 9482-9483.

〔184〕 Anthony J E. Functionalized Acenes and Heteroacenes for Organic Electronics〔J〕. Chem. Rev. 2006, 106 (12): 5028-5048.

〔185〕 Kobayashi K, Shimaoka R, Kawahata M, et al. Synthesis and Cofacial π-stacked Packing Arrangement of 6, 13-Bis (alkylthio) pentacene〔J〕. Org. Lett. 2006, 8 (11): 2385-2388.

〔186〕 Jaquith M J, Anthony J E, Marohn J A. Long-Lived Charge Traps in Functionalized Pentacene and Anthradithiophene Studied by Time-Resolved Electric Force Microscopy〔J〕. J. Mater. Chem. 2009, 19 (34): 6116-6123.

〔187〕 Naab B D, Himmelberger S, Diao Y, et al. High Mobility N-Type Transistors Based on Solution-Sheared Doped 6, 13-Bis (triisopropylsilylethynyl) Pentacene Thin Films〔J〕. Adv. Mater. 2013, 25 (33): 4663-4667.

〔188〕 Ryno S M, Risko C, Brédas J L. Impact of Molecular Packing on Electronic Polarization in Organic Crystals: The Case of Pentacene vs Tips-Pentacene〔J〕. J. Am. Chem. Soc. 2014, 136 (17): 6421-6427.

〔189〕 Heidenhain S B, Sakamoto Y, Suzuki T, et al. Perfluorinated Oligo (p-phenylene) s: Efficient N-type Semiconductors for Organic Light-Emitting Diodes〔J〕. J. Am. Chem. Soc. 2000, 122 (41): 10240-10241.

〔190〕 Delgado M C R, Pigg K R, da Silva Filho D A, et al. Impact of Perfluorination on the Charge-Transport Parameters of Oligoacene Crystals〔J〕. J. Am. Chem. Soc. 2009, 131 (4): 1502-1512.

〔191〕 Medina B M, Beljonne D, Egelhaaf H J, et al. J. Effect of Fluorination on the Electronic Structure and Optical Excitations of π-Conjugated Molecules〔J〕. J. Chem. Phys. 2007, 126 (11): 111101.

〔192〕 Glowatzki H, Heimel G, Vollmer A, et al. Impact of Fluorination on Initial Growth and Stability of Pentacene on Cu (111)〔J〕. J. Phys. Chem. C 2012, 116 (14): 7726-7734.

〔193〕 Ryno S M, Lee S R, Sears J S, et al. Electronic Polarization Effects upon Charge Injection in Oligoacene Molecular Crystals: Description via a

Polarizable Force Field [J]. J. Phys. Chem. C 2013, 117 (27): 13853-13860.

[194] Gittins D I, Bethell D, Schiffrin D J, et al. A Nanometre-Scale Electronic Switch Consisting of a Metal Cluster and Redox-Addressable Groups [J]. Nature 2000, 408 (6808): 67-69.

[195] Nishida S, Morita Y, Fukui K, et al. Spin Transfer and Solvato-/ Thermochromism Induced by Intramolecular Electron Transfer in a Purely Organic Open-Shell System [J]. Angew. Chem. Int. Ed. 2005, 44 (44): 7277-7280.

[196] Brown E C, Marks T J, Ratner M A. Nonlinear Response Properties of Ultralarge Hyperpolarizability Twisted π-System Donor-Acceptor Chromophores. Dramatic Environmental Effects on Response [J]. J. Phys. Chem. B 2008, 112 (1): 44-50.

[197] Yuan C, Saito S, Camacho C, et al. A π-Conjugated System with Flexibility and Rigidity That Shows Environment-Dependent RGB Luminescence [J]. J. Am. Chem. Soc. 2013, 135 (24): 8842-8845.

[198] Yamashita H, Ikezawa T, Kobayashi Y, et al. Photochromic Phenoxyl-Imidazolyl Radical Complexes with Decoloration Rates from Tens of Nanoseconds to Seconds [J]. J. Am. Chem. Soc. 2015, 137 (15): 4952-4955.

[199] Kamada K, Ohta K, Shimizu A, et al. Singlet Diradical Character from Experiment [J]. J. Phys. Chem. Lett. 2010, 1 (6): 937-940.

[200] Ichino T, Villano S M, Gianola A J, et al. Photoelectron Spectroscopic Study of the Oxyallyl Diradical [J]. J. Phys. Chem. A 2011, 115 (9): 1634-1649.